中國金鑰匙服務哲學

一九九五年白天鵝賓館的金鑰匙接待比爾・蓋茨

第29届奥运会组委会奥运村部

关于邀请国际金钥匙组织中国区团队参与
奥运村住宿服务工作的函

孙东主席：

    奥运村是奥运会最大的非竞赛场馆，住宿服务是其中规模最大的服务项目之一。为确保奥运村住宿服务达到"有特色、高水平"的目标，经过奥运村部领导的批准，同意国际金钥匙组织中国区免费为奥运村住宿项目提供服务的愿望，但人数控制在 40 人以内。参与服务人员的名单需在 2 月底前报奥组委审批以便制证。参与奥运村服务的"金钥匙"主要安排在运动员村、绿色家园媒体村、汇园公寓媒体村的前台负责接待工作。

    特此函达。

二〇〇八年一月二十二日

中國金鑰匙參與二〇一七年廈門金磚國家峰會服務工作

中國金鑰匙參與二〇一八年博鰲亞洲論壇服務工作

目錄

CONTENTS

015　代　序　開啟「富有人生」破解「互害危局」

019　前　言　中國服務的先行者

第一部分　理念篇

第一章　金鑰匙服務與金鑰匙服務哲學

只要客人提出自己的需要，或者是急需解決的困難，他們都能很快滿足和解決，似乎他們有一種無所不能的本領，可以解決各種各樣的難題。人們把他們稱之為「酒店金鑰匙」，在行業內這些人被稱作「Concierge」。

005　第一節・金鑰匙與金鑰匙服務

010　第二節・中西金鑰匙服務文化

014　第三節・金鑰匙服務哲學

第二章　服務與金鑰匙服務

他女兒剛在萬里之外的溫哥華進入醫院待產，外孫快將降臨人世。客人希望能得到酒店金鑰匙的幫助使他儘快趕回溫哥華陪伴在女兒身邊去分享這個重要時刻。可是客人原來預定的是三天後從香港起飛的加拿大航空公司航班。

025　　**第一節・什麼是服務**

028　　**第二節・服務模式**

035　　**第三節・金鑰匙服務模式**

第三章　先利人後利己

荀子指出：「唯利所在，無所不傾，若是則可謂小人矣。」那我們金鑰匙為什麼還要提倡「先利人後利己」，這是不是與我們傳統的道德觀和價值觀相悖呢？如果從哲學思路來思考，我們會追問，「利」與「義」到底是怎麼回事？難道「利」就真的那麼不可取嗎？

044　　**第一節・金鑰匙哲學的本體論基礎**

050　　**第二節・先人後己的認識論和方法論**

060　　**第三節・先人後己的價值論**

第四章　用心極致，滿意加驚喜

處理棘手的事情對金鑰匙來說是令人興奮的。正是這種挑戰激勵著金鑰匙不斷前行 ：隔幾分鐘就轉換一個角色，記住最瑣碎的細節，表現出無所不能⋯⋯當面臨下一個挑戰時，金鑰匙總能想出解決辦法。

068　　第一節 · 用心極致

077　　第二節 · 滿意加驚喜

第五章　在客人的驚喜中找到富有的人生

文新豪說：「晚上睡得好不好，就要看白天做沒做讓客人高興的事兒。」

金鑰匙追求極致的服務，不是「瘋子」的行為，而是作為富有的人的對象性激情的爆發、愛心的爆發，是金鑰匙的本質活動，也是金鑰匙的信仰所在。

087　　第一節 · 客人的驚喜與金鑰匙品牌

096　　第二節 · 理想服務與自我實現的需要

105　　第三節 · 找到富有的人生

第六章　金鑰匙服務與「中國服務」

「中國服務」應當既有中國傳統文化精髓中「工匠精神」的傳承與融合，又要有與國際接軌的創新模式。對於海底撈的服務模式是否可以代表「中國服務」，進而提升為「中國服務」模式？

114　第一節・中國服務

116　第二節・親情服務模式

122　第三節・金鑰匙服務與「中國服務」

第二部分　技法篇

金鑰匙雖非無所不能，但必盡其所能。這是每一個金鑰匙都在踐行的服務意志。這個意志源於何處？必源於酒店的服務理念乃致使命，來自心中的閃光的「信念卡」。而同時，我們還要看到，這個意志背後隱含的更加強大的團隊支持體系。

131　第一章　服務精神

135　第二章　第一印象

171　第三章　深度理解

177　第四章　團隊運作

第三部分　指導篇

運動員個個都是大腕,都有個性。這樣的話,個性化的要求會不斷地提出來,要求我們在合法的基礎上進行滿足。金鑰匙的理念是不合理可以,但是不能不合法,在此基礎上進行滿足。在奧運村這個特定的環境之下難度極大,甚至都很難想像。

190　第一章　奧運金鑰匙 —— 打造金鑰匙高光點

第二章　金鑰匙服務:昨天、今天、明天

196　一、閃光的金鑰匙
199　二、興起的中國金鑰匙
201　三、金鑰匙精神
206　四、金鑰匙服務的困難與經驗
210　五、金鑰匙體系創新

第四部分　實踐篇

第一章　中國金鑰匙奔向二〇〇〇年

219　一、體會

220　二、建議採取的步驟

第二章　中國金鑰匙發展回顧與新世紀展望

221

第三章　加入世貿組織與中國飯店金鑰匙網絡聯動

228　一、中國飯店業當前面臨的三大機遇

230　二、中國飯店業面臨的三大挑戰

232　三、建立金鑰匙飯店聯盟，打造中國飯店世界品牌

第四章　新觀念、新思路、新局面下的中國金鑰匙

238　一、中國飯店金鑰匙的基本回顧

240　二、中國金鑰匙發展的指導思想、基本目標和工作原則

241　三、中國飯店金鑰匙組織（2002-2005 年）具體實施計畫

245 第五章　走向品牌化、國際化的中國金鑰匙

249 第六章　信念與追求、品牌與未來

255 第七章　品牌管理與發展，服務網絡與創新

261 第八章　邁向「更高、更快、更強」的中國金鑰匙

265 第九章　全球網絡化的金鑰匙服務

269 第十章　走向輝煌的中國金鑰匙

273 第十一章　中國金鑰匙品牌的經營、管理、服務

279 第十二章　中國金鑰匙品牌管理與服務

第十三章　中國服務・品牌文化

288 一、中國金鑰匙的教育文化
290 二、中國金鑰匙的管理文化
291 三、中國金鑰匙的服務文化

293　第十四章　金鑰匙讓世界充滿愛

297　第十五章　網絡時代，中國服務

301　第十六章　金鑰匙＋互聯網走進服務大聯盟時代

307　後　記

開啟「富有人生」 破解「互害危局」

服務，在中國的語境裡，大致等同於「伺候人」「侍奉人」。幾千年來，「萬般皆下品，唯有讀書高」。伺候人、侍奉人，屬下九流。服務哲學？誰聽說過？！

是的，這一名詞，中國幾千年沒有，世界幾千年沒有。這一名詞的首次出現，是二〇〇二年五月，在孫東、吳偉合著的《中國飯店金鑰匙服務》一書裡。

> 先利人，後利己
>
> 用心極致，滿意加驚喜
>
> 在客人的驚喜中找到富有的人生

如上三句，是當時剛剛加入國際飯店金鑰匙組織的中國飯店金鑰匙提出的服務理念。

當年，中國飯店金鑰匙主席孫東，一位二十幾歲的年輕人，在廣東省府大禮堂舉行的廣東省青年道德先進事蹟報告會上，代表白天鵝賓館金鑰匙發言，他結束時那一段滿懷激情、直逼人心的演講詞，一時成為佳話：

「我熱愛我現在從事的工作，因為我在這份工作中找到了真正的自我。我覺得當我滿頭白髮，還依然身著燕尾服，站在大堂裡跟我熟悉的賓客打招呼時，我會感到這是我人生最大的滿足。我以我自己能終身去做一名專業服務人員而驕傲，因為我每天都在幫助別人，客人在我這裡得到的是驚喜，而我們也在客人的驚喜中找到富有的人生。我們未必會有大筆的金錢，但是我們一定不會貧窮，因為我們富有智慧、富有經驗、富有信息、富有助人的精神，富有同情心、幽默感，富有為人解決困難的知識和技能，富有忠誠和信譽，當然我們還有一個富有愛的家庭，所有這些，構成了我們今天的生活。青年朋友們，富有的人生並不難找，它就在我們生活的每一天中，就在我們為別人帶來的每一份驚喜當中。」

這段話之所以震撼靈魂，主要是因為它表達出的情感既善且智，它表達出的是一種「用心極致，利人利己，和諧共贏，避免互害」的人生觀、價值觀，闡釋了與前人不同的一種為人處世的哲學——中國金鑰匙服務哲學，一種既可以促進社會和諧，也可以幫助服務業從業人員開啟屬於他們的「富有的人生」。

中國是文明古國，是書香禮儀之邦，在古代思想家的寶庫中，各色哲學，自然是繁花似錦、車拉船載，然而似乎單單缺了「服務哲學」一技。

可是，從某種意義上看，人的一生，從生到死，始終是一個服務與被服務的過程，換言之，人生就是服務，服務就是人生。同時，整個人類社會似乎就是一個龐大的循環服務系統：種田的為做工的服務，做工的為行醫的服務，行醫的為教書的服務，教書的為當官的服

務，當官的為種田的服務等等。倘若整個龐大的循環服務系統健康運轉，則整個社會各色人等受益，這個世界就會美好；倘若這個龐大的循環服務系統的某個環節（特別是某個重要環節），乃至所有環節都出了毛病，則循環服務系統就是染了瘟疫，結果是全體受害，無一倖免，直至同歸於盡，這就是互害危局的可怕。

《中國金鑰匙服務哲學》的兩位作者，張斌先生是哲學博士，學識淵博，功力深厚，王偉先生則是酒店管理方面的專家，又是著作等身的學者，而且，兩位先生長期跟蹤研究中國金鑰匙發展，所以他們才能真正從哲學意義上去探究中國金鑰匙服務哲學，才能令人信服地回答，是什麼樣的理論、智慧和實踐支撐中國金鑰匙服務哲學的理念和口號？中國金鑰匙服務哲學的這些理念和口號，為什麼能被眾多從事服務工作的人所接受，並成為他們確立世界觀、人生觀、價值觀的重要啟迪，以及他們人生奮鬥的行動指南？總之，兩位先生的大作，是真正從哲學的高度滿足了中國金鑰匙服務哲學體系的構建。

我自己是學文學的，對哲學問題，最多只能算一知半解。只是我對「服務」的事有所思考，比如我就能真切感受到我當教師，其實質就是為學生服務。

「富有人生」會實現的。

「互害危局」會破解的。

人們的智慧和良知會解決這些問題的。

或許，中國金鑰匙服務哲學就是一把開啟「富有（包括物質富有

和精神富有兩個方面）人生」的金鑰匙，也是一把破解「互害危局」的金鑰匙。

　　諸公以為然否？

　　聊作序。

陳大海

廣州中山大學

INTRODUCTION 前言

中國服務的先行者

什麼是中國服務？中國服務將走向哪裡？

有人說，當你知道了中國金鑰匙就知道中國服務了，看了中國金鑰匙服務就知道中國服務將走向哪裡。

二〇〇八年，中國金鑰匙成為「中國服務」的代表收到北京奧組委的邀請函，邀請他們在奧運村和媒體村的服務中心為中外運動員和記者提供金鑰匙服務。這是奧運會歷史上第一次邀請國際頂級服務品牌──金鑰匙服務組織提供服務，標誌著「中國服務」正式登上歷史舞台。

二〇一六年，G20 峰會在杭州召開，中央電視台的新聞聯播裡又出現了衣領上佩戴著金鑰匙標誌的服務人員忙碌的身影。中國金鑰匙再次代表中國服務為中外元首來賓們提供了極致服務。

金鑰匙服務是世界頂級服務的品牌，被譽為服務皇冠上的鑽石。二十一年前，有一群年輕人把這顆在歐洲誕生的服務鑽石，引進了中國飯店業，這些二十多歲的小夥子們用自己的青春和熱情，不斷地澆灌這顆種子，直至今天，已經長成了參天大樹。他們是中國服務的先行者。

每一個中國金鑰匙，都是旅途和生活中最可信賴的人，是一個可以感動顧客、感動企業、感動自己的人；每一個中國金鑰匙有著系統的服務價值觀，服務的方法論，服務標準、服務精神和服務目標。他們心中有著系統的科學的服務哲學。他們是中國服務的驕傲，他們代表著中國服務的未來。

中國金鑰匙哲學「有理論、有實踐、有傳承、有創新」。向內承接著五千年的文化精髓，融儒釋道心法於服務之中；向外汲取了國際頂級的服務品牌的精神，借互聯網通達全球，服務天下。

有人會問，中國金鑰匙的服務太高端了，不容易學會吧？

恰恰相反，金鑰匙服務品牌理念，很簡單：「先利人，後利己；用心極致，滿意加驚喜；在客人的驚喜中找到富有的人生。」

很多人看一遍就能記下來。好記好學好用！

簡單嗎？簡單！

大道至簡。關鍵是需要我們把複雜的事情化為簡單，再把看似簡單的道理弄明白，並把明白的道理用到實踐中。

人生就是服務與被服務的過程，服務就是人生，人生就是服務。悟透了這一點，再把金鑰匙理念運用到工作和生活中，一邊用一邊悟，人生觀、價值觀、世界觀還有思想境界，服務的本領，在這個過程中就會不斷地提高，最終抵達終極服務、富有人生的境界。這是一個修練的過程。

這樣做的人多了，中國服務就有了發展壯大的支撐點，中國的服務文化就會慢慢增長力量，中國服務就會融入國際服務的潮流，站上潮頭，中國服務的品牌在全球廣泛傳播則指日可待。

編　者

第一部分

理念篇

第一章

金鑰匙與
金鑰匙服務哲學

◆ 案例：

感謝信

國際金鑰匙組織中國區總部：

在舉世矚目的第二十九屆奧林匹克運動會期間，貴部從全國一千六百多名金鑰匙會員中挑選出三十六名金鑰匙，參與運動員村、綠色家園媒體村和匯園公寓媒體村住宿服務團隊工作。

在國際金鑰匙組織中國區孫東主席的領導下，三十六名奧運金鑰匙經過近一個月的嚴格培訓，分別在運動員村超級居民服務中心、健身娛樂中心，綠色家園媒體村、匯園公寓媒體村接待中心從事了為期四十天的接待服務工作，他們業務精湛、外語純熟、遵守紀律、不計得失，表現出高尚的敬業精神，充分展示了中國酒店業服務的最高水準，成為奧運村住宿服務團隊各酒店管理集團員工和高校服務生學習的楷模。

北京奧運村的接待服務工作得到北京第二十九屆奧運會組委會等各級領導的讚揚，得到國際輿論和國際奧委會第二十九屆奧運會二百零四個國家和地區參賽代表隊的普遍讚揚，這是住宿服務團隊全體參與同態共同努力的結果，也凝聚著三十六名奧運金鑰匙灑下的辛勤汗水。

住宿服務團隊衷心感謝國際金鑰匙組織中國區總部對奧運村住宿服務團隊的大力支持，衷心感謝三十六名奧運金鑰匙為奧運會成功舉辦做出的奉獻，祝願中國的金鑰匙經過北京奧運的洗禮,更加熠熠生輝。

第二十九屆奧運會組委會奧運村運行團隊

二〇〇八年一月第二十九屆奧運會組委會奧運村部正式邀請國際金鑰匙組織中國區團隊參與奧運村住宿服務工作。這是奧運史上首次將國際金鑰匙服務引進奧運村。

繼二〇〇八北京奧運會之後，中國金鑰匙服務多次出現在大型國際會議。二〇一六年九月 G20 杭州峰會、二〇一七年九月廈門金磚國家領導人會晤，以及博鰲亞洲論壇，都可以看到胸前佩戴著金鑰匙徽章的服務人員為各國領導人和貴賓們提供極致服務的身影。

第一節·

金鑰匙與
金鑰匙服務

一、金鑰匙服務的起緣

在當今的高端酒店中有這樣一些人，他們身著考究的深色西裝或燕尾服，衣服上別著兩把金色交叉「鑰匙」的標記，彬彬有禮、笑容滿面地為客人提供各種委託代辦服務。只要客人提出自己的需要，或

者是急需解決的困難，他們都能很快滿足和解決，似乎他們有一種無所不能的本領，可以解決各種各樣的難題。人們把他們稱為「酒店金鑰匙」，在行業內這些人被稱作「Concierge」。

《韋伯新世界大學詞典》（2009 年，Wiley Publishing Inc.）將「Concierge」定義為：名詞，公寓樓的一個看門人、監護人、門房；酒店裡幫助客人預訂戲票或安排交通的僱員。傳說古時，有一些專門照顧穿越荒無人煙的邊境地區的旅行商隊的人，被人們稱作「Concierge」，這種職業最終在中世紀傳到歐洲，每個修道院都仿照客棧劃出賓客接待處，配一名僧侶作門房，來滿足旅客訴求。出於安全需要，開門納客前，他們要確認來訪者身分、登記姓名和頭銜。日常還要做一些瑣事，如整點敲鐘、懸掛壁毯、點燃篝火、打掃門廳。他們經常一手拿著蠟燭，一手持有鑰匙——進入修道院住宿的鑰匙，於是他們被稱為「蠟燭伯爵」，或者「鑰匙的保管人」。

金鑰匙的標誌是一對交叉的金鑰匙。羅馬天主教會的瑞士衛隊也採用這一符號作為其標誌。傳說此標誌源自巴黎古監獄。那裡因曾經囚禁過瑪麗皇后而聞名於世。負責保管監獄鑰匙的是監獄長，所以人們稱他為「the concierge」（金鑰匙），而金鑰匙的標誌也由此誕生。十九世紀末，隨著豪華酒店的發展，金鑰匙這個職位設在了酒店門口，負責迎接賓客、分發房間鑰匙。歐洲的金鑰匙認為這項職責能夠幫他們很快記住客人的名字，熟悉客人的長相，了解客人的服務信息。

從「Concierge」（委託代辦）的含義可以看出：金鑰匙的本源內涵就是飯店的委託代辦服務機構，演變到今天，已經是對具有國際金

鑰匙組織會員資格的飯店禮賓部職員的特殊稱謂。在現代飯店行業內，金鑰匙是飯店內外綜合服務的總代理，是個性化服務的標誌。在世界各國高星級飯店，金鑰匙已成為其服務水準的形象代表，一個飯店擁有了「金鑰匙」這種首席禮賓司，就等於在國際飯店行業獲得了一席之地。飯店的禮賓人員若獲得「金鑰匙」資格，他也會倍感自豪，因為他的服務代表著所在飯店服務質量的最佳水準，代表著飯店的整體型象。

在今天，金鑰匙被譽為服務界的「萬能博士」。金鑰匙服務內容非常廣泛，在不違反當地法律和道德觀的前提下，能夠充分滿足客人的各種個性化需求，可以向客人提供最新的各種信息，為客人代購歌劇院和足球賽的入場券，甚至可以為客人把禮品送到地球另一邊的朋友手中。金鑰匙秉承的信念和精神是：「我們雖然不是無所不能，但我們會竭盡所能！」只要找到金鑰匙，那麼客人從進入飯店到離開飯店，自始至終都能感受到一種無微不至的關懷和照料，常常獲得「滿意加驚喜」的服務。

二、國際金鑰匙服務起源和發展

一九二九年，法國飯店中一群擁有豐富服務經驗的世襲委託代辦禮賓司們給客人提供各種專業化服務，這些服務包括從代辦修鞋補褲到承辦宴會酒會，充當導遊等大大小小的細緻服務，目的是為客人提供一般飯店沒有的，有「一定難度」的所謂「額外」的服務。他們中以費迪南德・吉列特先生為代表，率先把委託代辦服務上升為一種理

念，並把一群志同道合的飯店委託代辦成員組織起來，成立了一個城市中飯店業委託代辦的組織，並給該組織起了一個很好聽的名字——「金鑰匙」，兩把金光閃閃的交叉金鑰匙成為該組織的標誌，代表著這個組織兩種主要的職能：一把金鑰匙用於開啟飯店綜合服務的大門；另一把金鑰匙用於開啟該城市綜合服務的大門，也就是說，這些飯店金鑰匙們成為飯店內外綜合服務的總代理。

一九二九年十月六日，法國巴黎 Grand Hotel 酒店的十一個委託代辦建立了金鑰匙協會，協會章程允許金鑰匙們通過提供服務而得到相應的小費，他們發現那樣可以提高對客服務效率，隨之還建立了城市內的聯繫網絡。

二戰後，歐洲經濟恢復，旅遊業隨之發展。一九五二年四月二十五日，來自歐洲多個國家的代表在戛納成立「歐洲金鑰匙大酒店組織」，簡稱 UEPGH。費迪南德‧吉列先生（時任巴黎斯克瑞博酒店 Hotel Scribe 金鑰匙）被尊稱為「金鑰匙之父」，他策劃成立了該組織並擔任主席直至一九六八年。歐洲其他的國家也相繼開始建立類似的協會。一九七○年，隨著以色列被接納為會員國，UEPGH 發展成為「國際金鑰匙大酒店組織」，簡稱 UIPGH，象徵著金鑰匙的合作領域從歐洲擴展到全世界。一九七二年在西班牙舉行的第二十屆國際金鑰匙年會上，歐洲金鑰匙組織發展成為一個世界性的飯店服務專業化組織，其服務理念開始在全球推廣。

三、金鑰匙在中國

改革開放後，在霍英東先生的提議下中國酒店引進金鑰匙概念。一九九〇年年底，廣州白天鵝賓館首開金鑰匙（委託代辦）櫃檯。一九九五年十一月初，中國金鑰匙在白天鵝賓館召開第一屆年會，標誌著國際金鑰匙正式打開中國之門。一九九七年一月，在意大利首都羅馬舉行的第四十五屆國際飯店金鑰匙年會上，中國飯店金鑰匙被接納為國際飯店金鑰匙組織第三十一個成員國團體會員。由此，中國金鑰匙開始突飛猛進的發展。

經過二十多年的發展，中國金鑰匙服務走出原有的酒店行業，他們提出的「先利人後利己」，「用心極致滿意加驚喜」，「在客人的驚喜中尋找富有的人生」的服務理念已經在更多的服務行業得到推廣，形成了一種服務品牌。由中國金鑰匙締造的國際金鑰匙服務聯盟已經成為由酒店、物業、景區、學院及高端服務企業組成的一個網絡化、個性化、專業化、國際化的品牌服務聯盟。現今，中國金鑰匙覆蓋到全國二百九十個城市，二千四百多家高端服務企業，擁有四千多名金鑰匙會員，形成中國最大的線上線下品牌服務網絡。在北京奧運會、廣州亞運會、杭州 G20 峰會、海南博鰲論壇、廈門金磚國家領導人會晤等大型國際會議上，中國金鑰匙服務團隊群星閃耀。

伴隨著中國特色社會主義進入新時代，中國金鑰匙也跨入了新時代的發展階段，正快速覆蓋著更多更廣的服務領域。

中西金鑰匙
服務文化

一、中國金鑰匙服務文化背景

　　金鑰匙引進中國後快速發展，但也面臨一些困惑。旅遊專家魏小安教授在比較中外金鑰匙的差距時指出：「從深層來說，文化培育是最大的不足。飯店文化的基礎或者說根本是歐美文化，我們可以有很多中國文化的符號貼在上面，應用過程也可以逐步中國特色，但是說到底是歐美的，這種文化基礎很多東西我們現在都不完全懂。比如我們到歐洲，多數飯店都是小飯店，硬件不如我們，但飯店文化是很難學到的。」「我們中國飯店的硬件水平普遍高於歐美，但真正講文化，我們還是達不到。就是說我們一流的飯店和人家真正一流的飯店比不了。比如麗思卡爾頓、泰國東方，我們比不了，不是指我們的硬件差，也不是比不了這個豪華，我們比不了的是這個文化。所以這種文化的培育，既是我們最大的差距所在，也是我們下一步真正要下功夫

的，金鑰匙的產生本身就是以飯店文化為基礎。正是因為有了這樣一個文化基礎，才產生這樣一個金鑰匙服務體系。」

《晏子春秋》記載，晏子對楚王說：「橘生淮南則為橘，生於淮北則為枳，葉徒相似，其實味不同。所以然者何？水土異也。」後來人們用「南橘北枳」比喻一些事物一旦離開了原來的生長環境，事物的性質也變了。從金鑰匙的歷史來看，歐洲金鑰匙是在資本主義經濟發展一百多年之後出現的，中國的金鑰匙則是在改革開放後市場經濟剛剛啟動的時候才從國外引進。從文化背景來看，歐美金鑰匙是在成熟的市場經濟和文化發展之後的產物，中國金鑰匙產生時，我國無論經濟還是文化都處於市場經濟發展初期。

在我們幾千年的傳統文化中，社會價值觀取向是「萬般皆下品，唯有讀書高」，所以要「學而優則仕」，而且「勞心者治人，勞力者治於人」。在社會行業排行中「士農工商」是正業，而做服務的則是伺候人的差事，被劃為僕人、下人、下等人、下九流。從事服務職業往往被看作低人一等，所以很多父母都不願意讓自己的孩子去做服務工作。時代進步後，「毫不利己，專門利人」的服務理念曾被廣泛向社會推廣，這種用來提升社會道德思想的政治性口號，在計劃經濟的背景下尚可提倡，但無法指導進入市場經濟時代的職業服務。隨著改革開放市場經濟的推進，服務業迅速崛起，「顧客就是上帝」很快成為服務行業從業人員，包括管理者們常掛在嘴邊的一句經典。但是當他們被問：「你相信上帝嗎？」很多人又會說不信。因為對大多數受過系統學校教育的國人來說，上帝似乎很遙遠。這句經典的本質意思就變成了：客人很重要，但我不相信他是上帝，他離我很遙遠。還有

人認為，上帝是博愛的，就像陽光一樣，照好人也照壞人，在沒有審判的日子，你對他好與不好，他都關愛著你。在這種前提下，其服務態度與服務質量就可想而知了。

在中國傳統服務文化中，曾流行「顧客是衣食父母」的價值觀。這是以孝文化為支撐的服務價值觀。在孝文化已經邊緣化的市場經濟條件下，「衣食父母」並不能支撐現代服務文化的構建和發展。長期以來，在大多數的中國人的職業觀與服務觀中存在信仰缺失，在服務業的實踐中,真正可以身體力行的有中國特色的服務文化仍然沒能確立起來。

二、西方金鑰匙服務文化背景

西方金鑰匙服務文化是建立在西方基督教文化基礎上的。基督教在西方社會已經成為一種「普世性的宗教義化」，是西方文明的精神核心之一，持續影響並滲透到西方的政治、文化、思想和藝術等各個領域。基督教文化有兩大來源：希伯來文化和希臘文明。它從希伯來義化得到了一個信仰的上帝，從而繼承了猶太教「上帝面前人人平等」的倫理普遍主義傳統；又從希臘文明中得到了一種理性邏輯的求知工具，從而繼承了「真理面前人人平等」的認知普遍主義。

西方主流文化所體現的價值觀，大部分可以在基督教義化中找到其根源。與東方價值觀強調集體主義相比，西方價值觀偏重個人主義。西方個人主義的根源出於《聖經》的基督教倫理戒命的第二條

「要愛人如己。先自愛，次之為愛人如己。」基督教的愛是一種博愛。

需要強調的是，現實中往往存在著將個人主義與自私主義聯繫在一起的誤區。其實真正的個人主義所體現的是一種道德的、政治的和社會的哲學，強調個人的自由和個人的重要性，以及「自我獨立的美德」和「個人獨立」，一種以個人為中心對待社會或他人的思想和理論觀點。這種價值觀激勵著個體的進步，從而帶動了整個西方的進步。

從西方文化視域出發，無論是酒店金鑰匙還是來到酒店的客人，在其精神上都是平等的，這種平等是建立在對上帝的信仰之上。人無論貴賤都是上帝的迷途羔羊，社會上合法的職業是上帝賦予你獲得救贖的機會。所以，大凡工作，本質都在服務──為上帝服務，為神工作，為救贖自己、榮耀上帝而做服務，這是西方職業倫理中的初心或邏輯起點。從這個意義上講，西方的職業觀與服務觀中有宗教信仰的支撐，服務是實踐信仰的行為。可以說，西方的服務精神和服務文化是有信仰根基的，這種服務文化和服務信仰推動了資本主義社會的發展。西方的金鑰匙文化和金鑰匙哲學是建立在深厚的服務文化之上。所以，西方金鑰匙的傳播和發展很穩定，更注重個人因素，組織創新不多，管理相對簡單。

金鑰匙
服務哲學

一、西方金鑰匙服務哲學的提出

　　近年來，西方金鑰匙為了適應時代發展，構建系統的金鑰匙服務理論，在金鑰匙服務哲學方面做了一些嘗試。例如，曾任美國金鑰匙主席的霍利·斯蒂爾女士就出版了《金鑰匙服務學》[1]。在此書的第一章作者提出了「金鑰匙哲學」，列舉了精神、特徵、六 C、哲學、金鑰匙魔法、奉獻、倫理與價值觀、直面挑戰、常識、幽默感、永葆激情和伴隨一生的故事。其中概括了界定頂尖金鑰匙的六大特徵：

　　Curiosity（好奇心）：金鑰匙對他人、世界、旅行和旅遊充滿好奇。

---

1 霍利·斯蒂爾、琳·艾文斯【美】，王向寧等譯，金鑰匙服務學〔M〕.北京：旅遊教育出版社，2012.

Creativity（**創造力**）：金鑰匙樂於創新並且積極主動。他們預測客人需求並針對每一個挑戰催生新鮮的思想。

Confidence（**自信心**）：成功的金鑰匙是自信而有把握的，絕不會猶豫不決。

Charisma（**感召力**）：「Charisma」這個詞來自希臘語，意思是一個人擁有的魅力天賦。

Competence（**勝任力**）：金鑰匙切實而高效。他們理解自身的角色，並使之與酒店的服務使命密切相符。有勝任力的金鑰匙是顧客可以完全信任的。

Courteousness（**彬彬有禮**）：金鑰匙和善、體諒、老練、樂於施與。他們時時展現出文明禮貌。

《金鑰匙服務學》提出金鑰匙信奉的哲學是：心甘情願地服務，滿懷自豪地服務。金鑰匙服務哲學的精髓就是：金鑰匙會去做任何一件事情、能夠做到每一件事情，並且永遠不會說「不」。當然，不是所有的要求都能夠得到滿足。

作者從客觀和主觀兩方面做了論述。在客觀現實中，有些餐館八點鐘的時候確實預訂滿員，也有些演出確實票已經銷售一空。但是，有奉獻精神的金鑰匙一定會竭盡所能，並總是能夠提供備選方案。主觀則涉及金鑰匙的倫理和價值觀。書中指出：「有一些要求是不能夠被滿足的，不是因為辦不到，而是因為它們超越了金鑰匙的道德與誠信的界限。金鑰匙的哲學僅僅容忍合法的和友善的服務。賭注者在肯

塔基賽馬會下賭注，或者在愚人節這一天在其他顧客身上搞惡作劇等，對金鑰匙來說都是不能接受的。」作者進一步論證金鑰匙價值觀：「傳承友誼，用心服務」。它意味著我們要一貫地相互幫助、相互友善。金鑰匙屬於一個特殊的種群，他們是其自身所共享的完全獨特的工作和經歷的共同生存者。「我們一言九鼎，言而有信」；「今天我的客人就是明天你的客人」，描述了世界各地的金鑰匙如何攜手合作。這些核心價值觀是我們積澱的財富，即「遺產」。

《金鑰匙服務學》一書中的金鑰匙哲學比較簡潔明快，但是彼此之間的邏輯性不是很強，價值觀和人生觀之間似乎缺少自洽的邏輯。這是因為《金鑰匙服務學》的作者是美國金鑰匙，其面向讀者大部分是在西方文化環境和成熟的酒店文化背景下成長起來的人士。在他們的思想裡，有西方宗教文化和西方服務文化的支撐，所以在理解和應用這種簡單的金鑰匙哲學方面存在著自洽性。這種西方簡單的服務理論和金鑰匙服務哲學，反映在國際金鑰匙組織建設上，比較注重個人的因素，所謂的團隊建設和組織建設相對鬆散，發展速度比較緩慢。

二、中國金鑰匙服務哲學的提出

從歷史和成長環境來看，金鑰匙起源於歐洲，是有其深刻的社會、經濟和文化發展的必然性，是在資本主義社會和文化背景中出現並成長起來的。中國金鑰匙是在改革開放，由計劃經濟步入社會主義市場經濟之後引進的。用西方帶有宗教基礎的服務文化來指導中國金鑰匙的發展，顯然是不合適的。中國金鑰匙必須找到屬於自己的路，

這需要文化創新，更需要金鑰匙哲學的創新和指導。只有這樣，才能夠豐富中國酒店文化以及中國的服務文化，為中國金鑰匙的發展提供指引和動力。

為了解決文化差異問題，中國金鑰匙在加入國際金鑰匙組織後不久就提出了「金鑰匙哲學」的概念。在一九九九年出版的《中國飯店金鑰匙服務》[2]一書中，嘗試性地描述了「金鑰匙哲學」。書中提出金鑰匙是「在客人的驚喜中找到富有的人生」，「在服務他人中找到自己人生的價值」，最終達到「理想與現實統一的思維方式」。作者在書中指出，中國飯店金鑰匙的服務理念的核心就是通過實現社會利益和團體利益最大化的同時，使個人利益的最大化成為現實，追求社會、企業、個人三者利益的統一，也就是個人的利益和企業、社會整體的利益一致；實現個人價值、企業價值和社會主流價值的統一，即個人的追求和企業社會的追求和諧統一。但在處理三者的關係時，強調個人的價值、能力和利益是基礎和前提，古人說得好：一屋不掃，何以掃天下？不能「修身、齊家」，何以「治國，平天下」？是的，不關心自己何以關心別人？更不用說關心集體和社會了。中國金鑰匙的服務觀正是建立在肯定人性的作用的基礎上，把服務他人作為個人快樂之源是服務人員的職業最高境界：有快樂的飯店金鑰匙才會有驚喜的顧客。書中還指出，服務的極致在於給人以驚喜，即服務已超乎客人的想像和預期的結果，現實的服務超過了賓客的期望值，客人因感受到超值的服務而喜出望外，這是一種高附加值的勞動，其核心是高效+優質+個性內涵。要使客人滿意，高效優質足矣，這可以稱

2　吳偉、孫東.中國飯店金鑰匙服務〔M〕.廣州：廣東旅遊出版社，1999.

為服務的「基本配置」，客人驚喜的根源是服務的個性內涵，這部分的勞動可以稱為「創造」，因而飯店金鑰匙的服務被認為是一種「藝術」。把一件內容豐富的事情做得有聲有色不足為奇，但把一件枯燥無味的工作轉換為藝術的創作，就會使工作過程充滿魅力。

這些論述，為金鑰匙哲學的建立提供了寶貴的探索經驗。從哲學的視角來看，這些內容已經涉及價值論、人生觀和方法論等問題。但是這些還不能滿足科學的金鑰匙哲學體系的構建。例如「在客人的驚喜中找到富有的人生」，什麼樣的服務會給客人帶來驚喜？這裡有沒有「己之所欲，施之於人」的邏輯？孔子講：「己所不欲，勿施於人」這種雙重否定的邏輯，表達了人際交往於社會存在的「黃金定律」。但金鑰匙給客人驚喜的「己之所欲」就一定是客人之所欲嗎？富有的人生一定能在客人的驚喜中找到嗎？什麼是富有的人生？……這些問題都需要系統的科學的哲學理論來回答。

三、中國金鑰匙服務哲學的構建

我們研究金鑰匙服務哲學，其目的是要建立有中國特色的金鑰匙服務哲學，以指導我們今後金鑰匙事業的發展。

研究金鑰匙服務哲學，我們要了解什麼是哲學。

什麼是哲學？按照現有教科書的表述，哲學是理論化、系統化的世界觀，是世界觀和方法論的統一。馮友蘭在《中國哲學簡史》中提出自己的哲學定義：「就是對於人生的有系統的反思思想」。胡適在

《中國哲學史大綱》中指出：「凡研究人生且要的問題，從根本上著想，要尋求一個且要的解決」這樣的學問叫作哲學。

從詞源考察我們現在使用的「哲學」一詞，最早使用於十九世紀末，是從日本的漢文「哲學」使用引用過來，是 philosophia（熱愛智慧、追求真理）的日本漢文翻譯，詞義是「以辯證方式，一種使人聰明、啟發智慧的學問」，是探索「人與自然」、「人與社會」和「人與人」關係的一種方式。哲學在英語中是 Philosophy，源於希臘語詞源「愛智慧」的意思，即中外哲學的產生皆起源於疑問。

按此邏輯，金鑰匙服務哲學則是涉及金鑰匙服務的一些最基本問題和概念的思考和智慧。例如，我們提倡「先利人後利己」，「用心極致，滿意加驚喜」，「在客人的驚喜中找到富有的人生」，「在服務他人中找到自己的人生價值」等。這些金鑰匙口號的概念和理念之間到底有什麼關係，背後有什麼樣的理論和智慧支撐這些理念和口號？我們現有的這些理念，能構成當前金鑰匙服務哲學的體系並指導金鑰匙的發展嗎？這就是金鑰匙服務哲學要探討的。

按照一般哲學理論構成體系，大致可以分為本體論、認識論和價值論幾個方面，也可以分為世界觀、人生觀和價值觀等方面。金鑰匙服務哲學則要涉及金鑰匙服務的本體論，即要解決作為金鑰匙服務最基本和本質性的問題；金鑰匙服務哲學的認識論解決的是如何認識面對金鑰匙服務背後的真相等；金鑰匙服務哲學的價值論試圖解決金鑰匙服務的價值，以及如何看待人生價值等問題。

提出這個問題，目的是讓成為金鑰匙的人，或希望成為金鑰匙，

以及對金鑰匙服務感興趣的人，能夠更深刻地理解和看待金鑰匙服務的問題。

中國的金鑰匙服務哲學的建立，是在中國金鑰匙組織成長過程中逐步形成的。這點也是中國金鑰匙哲學與西方金鑰匙服務理念最大的不同。西方金鑰匙服務理念，是深深紮根於宗教信仰之上自然延伸，或者說流露出的觀念和理念。中國金鑰匙哲學的建立則是在中國經濟快速發展的大潮背景下逐步摸索並創新出來的。

「先利人後利己」，「用心極致滿意加驚喜」，「在客人的驚喜中找到富有的人生」這三句話，對於普通服務人員或剛入職的年輕金鑰匙來說，其內涵和多年從事金鑰匙服務的金鑰匙的理解是全然不同的。黑格爾曾說，同一句格言從一個飽經風霜的老人的口裡說出與從一個未經世事的年輕人口裡說出，其效果是全然不同的。一個老人口中的格言可能浸透了他所有的人生閱歷，他已給這句格言賦予了深厚的切身體驗，他口中的格言已非年輕人眼中的一個普通的知性的道理，而是與生命息息相關的理念，其中包含了無數的人世滄桑。

這三句話，飽含了中國金鑰匙多年的艱苦實踐，是從迷茫和困境中逐步摸索和提煉出來，用以指導中國金鑰匙的發展的。金鑰匙的三句話逐步從簡單的口號演化成一個相對完整的理論體系，已經成為構成金鑰匙哲學的有機一體，那麼三句話的內涵是什麼？為什麼要用這三句話來指導中國金鑰匙的發展呢？

從哲學的角度來看，三句話高度濃縮了金鑰匙哲學的本體論、認識論和價值論。「先利人後利己」是金鑰匙服務的價值觀，也是本體

論定位和存在的出發點，「用心極致，滿意加驚喜」則是金鑰匙在認識論和方法論的修練路徑，通過這個路徑，金鑰匙可以逐步完成由低到高層次的修練，最終實現「在客人的驚喜中找到富有的人生」的價值使命，實現完滿的人生觀。

「先利人後利己」、「用心極致滿意加驚喜」和「在客人的驚喜中找到富有的人生」，這三句話的提出與實踐，標誌著中國金鑰匙及其金鑰匙服務哲學的逐步成長和成熟。可以說，中國金鑰匙哲學是西方金鑰匙理論和組織與「中國服務」具體實踐相結合的產物，是當代金鑰匙服務理論的創新與發展，必將為中國服務文化和世界服務文化的發展做出較大的貢獻。

第二章

服務與
金鑰匙服務

◆ 案例：

　　有一次，一位的士司機交來一本日本客人的護照，說是乘客遺留在他的車上的，有可能是入住我們賓館的客人。我接到護照後，馬上查閱了我們賓館訂房客人的資料，結果一無所獲。此時有人建議先保留起來，客人來找的時候再還給他，要不然就交給到公安局算了。但職業的習慣使我們感到，客人不見了護照是多麼的焦急，而且也未必會來賓館查詢。於是我立即打電話到市內各大酒店，逐家查詢，最後終於在一家國際大酒店查到了該客人的訂房記錄，又得知客人尚未入住，於是馬上帶上護照直奔國際大酒店。我們在該店協助下，找到了剛到酒店，還未辦理入住手續的這位客人。當我把護照交給客人時，這位粗心的日本客人驚訝不已，因為他還不知道自己的護照不見了，驚喜之餘，連聲稱讚「金鑰匙」的服務真是周到、細心。

——孫東

　　金鑰匙服務引進中國後，在國內服務業內引起很大反響。大家在驚訝於金鑰匙高水平的服務時，很多人把金鑰匙服務和雷鋒式服務聯繫在一起，甚至認為金鑰匙就是酒店業的「雷鋒」。「先利人後利己」、「用心極致，滿意加驚喜」與「全心全意為人民」也差不多。兩種服務模式到底有什麼相同和差別，與其他的服務模式呢？本章我們將從服務的基本概念和相關概念進行分析，進而闡述金鑰匙服務的特徵。

第一節·

什麼是服務

我們研究雷鋒式服務、金鑰匙服務以及服務模式等概念，就要首先追問其中「服務」的概念什麼是。因為從邏輯上講這些服務模式都是服務概念範疇中的一種。

雖說中華文化源遠流長、博大精深，但事實上我們傳統文化裡，並沒有「服務」這個概念和用詞。「服」和「務」作為獨立的兩個漢字是存在的，但是它們一直沒有作為一個單獨的詞出現，用於表明我們現在所說的服務這個意思。

在文獻中比較早的類似於服務概念的記載是《論語》：「子夏問孝。子曰：色難。有事，弟子服其勞，有酒食，先生饌，曾是以為孝乎？」子夏向孔子請教關於孝道的問題，孔子回答，最困難的還是態度（顏色、臉色），有工作，晚輩來提供服務，有酒食，前輩（父母）享用，這就是孝道麼？這裡的「服」其勞，就是提供體力上的服務，在古代，服字本身，就有服侍、服務的意味。

《現代漢語詞典》（第 6 版）中的「服務」基本解釋為：「為集體（或別人的）利益或為某種事業而工作：～行業｜為人民～。」藉助其他詞典和網絡，可以得到更多關於服務的解釋：「服務」是指為他人做事，並使他人從中受益的一種有償或無償活動。不以實物形式而提供勞動形式滿足他人某種特殊需要，例：服務周到。孫中山先生在《民權主義》第三講 ：「人人應該以服務為目的，不當以奪取為目的。」其次，任職。例如，朱自清的《回來雜記》：「回到北平來，回到原來服務的學校裡。」

　　從學術上考證，服務一詞來源於日本。胡平先生在《100 個理由：給日本也給中國》[1]指出，服務在日語中讀作「Fukumu」，寫法參照繁體中文的「服務」，按照 Genius 日英字典的解釋，含有 Service（公務）和 Duty（服務的具體規定：職務，職責；職能；責任感，責任心；任務等）的含義。現在的日文裡，已經很少用到「服務」這兩個漢字了，而是改用假名書寫，讀作「sabisu」。其思路是按照英文單詞發音，迅速的、簡單地翻譯成日文，但音譯的效果，相比於原來的漢語意譯，其翻譯效果已經不在一個級別上。有誰在看到 sabisu 的時候能想到這其實是服務的意思呢？

　　近些年我們討論的服務概念多是於市場經濟背景下的使用。現在學術界普遍公認的定義有，一九七七年霍爾（T.P. Hill）提出的服務概念定義：「服務是指人或隸屬於一定經濟單位的物在事先合意的前提下由於其他經濟單位的活動所發生的變化……服務的生產和消費同

1　胡平，100 個理由：給日本也給中國〔M〕.武漢：長江文藝出版社，2005.09.01。

時進行，即消費者單位的變化和生產者單位的變化同時發生，這種變化是同一的。服務一旦生產出來，必須由消費者獲得而不能儲存，這與其物理特性無關，而只是邏輯上的不可能⋯⋯」[2] 以研究服務產業而著名的美國經濟學家格羅魯斯（Gronroos，1990）的定義服務：「服務一般是以無形活動的方式，發生在顧客與服務人員之間，涉及有形資源、產品或係統運作的，為滿足顧客需求所提供的流程」。國內一些經濟學者將服務定義為：用以交易並滿足他人需要，本身無形和不發生所有權轉移的活動。這表明在市場經濟中服務具有以下特徵：利他性、交易性、無形性（不可儲存性或即時性）與所有權的無關性等。服務活動具有以下特性：

（1）利他性。服務是滿足他人需要的活動，而不是滿足自己需要的活動。人們滿足自己需要的活動，不能叫作服務。服務是一種不能自產自用的東西，只有滿足他人需要的活動才有可能是服務。

（2）交易性。服務是用以交易的活動。在市場經濟條件下，滿足他人需要的服務只有通過交易才能提供。離開交易，就不存在真正意義上的服務。

（3）無形性。服務活動本身是無形的或者抽象的。像旅遊、美容、娛樂、餐飲、律師、保姆等服務都是無形的。可以說，酒店大堂、餐廳和服務人員是有形的，但這些實體成分只是服務的環境，不是服務的本質，服務的本質是一種無形的商品買賣，一種勞動的買

2　T. P. Hill. On Goods and Service：Review of Income and Wealth[J], Series 23, No.4, 1977, pp.315,338.

賣。

（4）與所有權的無關性。服務活動本身不發生所有權的轉移。服務是一種人的活動，人的活動能被他人所享受，但不能被他人所占有，因此，服務本身不發生所有權的轉移。

上述這些特徵也是市場經濟環境中金鑰匙服務概念所具有的基本內涵，對我們研究什麼是金鑰匙服務起到奠基作用。

第二節 ·

服務模式

服務模式是指實施服務的具體形式或方法。不同的時代和不同的社會背景下有不同服務模式。自從一九九五年金鑰匙引進中國開始，金鑰匙服務在中國得到了迅速發展，很多國人常常把金鑰匙服務當作雷鋒式的服務。對於西方客人習以為常的付小費的消費習慣，國人接受起來就有點困難。中國的金鑰匙也會提出疑問，提倡「先利人後利己」，是不是還需要進一步提倡「全心全意為人民服務」？還有人

說，金鑰匙服務就是以金鑰匙身分做的服務，只要是金鑰匙個人所做的一切幫助他人的事情都算金鑰匙服務。那麼，金鑰匙在日常生活中給別人端茶倒水，在大街上去扶起摔倒的人算不算金鑰匙服務？下面我們分析幾種的服務模式。

一、「全心全意為人民服務」型服務模式

這種服務模式是以「全心全意為人民服務」為服務行動出發點和落腳點，大家耳熟能詳的代表人物是雷鋒。人們常說，「雷鋒出差一千里，好事做了一火車」。雷鋒式的服務模式感動了當時的社會大眾，並成為政府持續倡導多年的學習榜樣。

◆ 案例：

一次雷鋒冒雨要去瀋陽，他為了趕早車，早晨五點多就起來了，帶了幾個饅頭披上雨衣上路了。路上，看見一位婦女背著一個小孩，手還領著一個小女孩也正艱難地向車站走去。雷鋒脫下身上的雨衣披在大嫂身上，又抱起小女孩陪他們一起來到車站，上車後，雷鋒見小女孩冷得發顫，又把自己的貼身線衣脫下來給她穿上，還把自己帶的饅頭給她們吃。火車到了瀋陽，天還在下雨，雷鋒又一直把她們送到家裡。那位婦女感激地說：「同志，我可怎麼感謝你呀！」

在人類歷史的長河中，我們可以看到一些奉行這種「全心全意為人民服務」服務模式的人，如提倡兼愛，「摩頂放踵，利天下為之」

的墨子（《孟子・盡心上》）；「先天下之憂而憂，後天下之樂而樂」的范仲淹；「毫不利己專門利人」，「對工作的極端的負責任，對同志對人民的極端的熱忱」的白求恩……在宗教中，有普度眾生的佛祖釋迦牟尼，為眾生受難的耶穌，奔走於霍亂和麻風病病區，不斷救助苦難窮人的特蕾莎修女等。

踐行這種服務模式的人，具有強烈的服務意識和道德水準，是以服務大眾為信仰為己任的服務菁英們。他們往往突破並超越了自己的身分和職業，超越「先利人後利己」，直達「毫不利己專門利人」的極高境界。他們視服務為實現自己崇高理想的修練途徑，「用心極致」，甚至不惜犧牲生命，以期望實現其最終目的或者說終極價值觀。這些菁英不是「在客人的驚喜中找到富有的人生」，更多是為實現崇高的事業而奮鬥。例如雷鋒和白求恩以及很多優秀的中國共產黨黨員，所做的服務更多是執行「全心全意為人民服務」這一核心價值觀和宗旨。這種服務模式，提倡並奉行單向付出服務，不謀求市場經濟條件下的金錢、薪酬或者利益的當下回報，在一定程度上也體現了服務的本質特性。

「全心全意為人民服務」的這種具有較高道德水準的服務模式，要求其個體存在的生活物質資料有一定的保障前提，所以這種服務模式多提倡並存在於軍隊、政府、宗教團體和社會慈善機構等。

二、弗雷德式的服務模式

作為市場條件下的交易性服務，前些年的一些企業曾經掀起學習「郵差弗雷德」的服務精神。在《郵差弗雷德》[3]（後面關於弗雷德的內容引用皆來自該書）一書中，描述了一名叫弗雷德的郵差為作者提供優秀服務的案例。弗雷德服務熱情洋溢，關心客戶的需求，並為作者提供了體貼細緻的郵政服務。

如，弗雷德主動上門介紹自己，並詢問作者所從事的行業。當了解到作者是位職業演說家，要經常出差旅行後，弗雷德提出「既然如此，最好你能給我一份你的日程表，你不在家的時候我可以把你的信件暫時代為保管，打包放好，等你在家的時候再送過來。」因為「竊賊經常會窺探住戶的郵箱，如果發現是滿的，就表明主人不在家，那你就可能要身受其害了。」

即使是 UPS（美國聯合遞送分公司）誤送了包裹，弗雷德也不會因為這不是自己的工作而袖手旁觀，而是把它撿起來，送到作者的住處藏好，還在上面留了張紙條，解釋事情的來龍去脈，又細心地用擦鞋墊把它遮住，以免被人順手牽羊。

作者深受感動，指出弗雷德已經不僅僅是在送信。作者將弗雷德作為積極服務的榜樣，開始把他的事蹟拿出來，在全國各地舉行的演講中與座談會上和聽眾一起分享。似乎每一個人，不論他從事的是服務業還是製造業，不論是在高科技產業還是在醫療行業，都喜歡聽弗

3　桑布恩〔美〕，郵差弗雷德〔M〕．康國莉譯，北京：中信出版社，2010，7.

雷德的故事。聽眾對他著了迷，同時也受到他的激勵與啟發。

作者認為弗雷德的服務模式主要體現為四種原則：

原則一：每個人都能有所作為。不管環境的利弊順逆，最終，超卓的工作表現，還是員工自己抉擇的結果。沒有任何工作是卑微的、不足道的，只要做這項工作的人是傑出的、不同凡響的。人也能給工作以尊嚴。沒有不重要的工作，只有看不起自己工作的人。調高工作的目標，比僅僅維持現狀更有挑戰性。

原則二：成功的基石是關係。冷淡的人提供服務總是公事公辦的態度。只有在服務人員和顧客之間建立某種關係和交往，服務才能人性化。弗雷德花費時間來認識我，了解我的需要和喜好，然後利用這些信息為我提供前所未有的優質服務。

原則三：你必須持續地為他人創造價值，而這不必花費一分錢。即使缺少資源，在不增加支出的同時，也可以為客戶創造更大價值的能力。你也可以嘗試用想像力代替金錢。你的目標應該是比競爭對手想得更多，而不是花錢更多。

每個職業者面對的競爭對手不是具體的公司員工，而是一種甘於平凡、得過且過的心態。所以，作者提出第四條原則：定期自我調整，振作自己。

作者最終從弗雷德身上得到的重要啟示：如果弗雷德能賦予郵遞員以如此多的新意，那麼你和我在工作中，難道不能更為奮發，有更多創新嗎？有許多日子，你一早睜開眼就感覺沮喪乏力。你已經讀過

書、聽過錄音、看過錄像、上完培訓課程。你覺得自己已經做了能做的一切，但仍然是意志消沉，無精打采。處於這樣的人生低潮，當你的工作責任心已經萎縮，當下班回家成為你每天的首要目標，這時，你該怎麼辦？

作者個人的對策是：想一想那個過去曾經為我送信的人。因為，如果郵遞員弗雷德能以如此卓越的創新精神和責任心來完成把信放入郵箱這樣的工作，那麼我也一樣可以調整工作態度，重新煥發青春，使自己生機勃勃，我甚至可能做得更好。我相信，不論你從事什麼工作，在何種行業，也不論你住在何處，每天早晨醒來，你都是一個全新的人。你可以按照自己的選擇，來塑造自己的工作和生活。

應該說，弗雷德的服務模式的確具有很強的積極性和勵志性，能夠幫助我們將工作態度和服務水平提高到一個較高的水平。但是我們認為弗雷德服務與金鑰匙服務模式有較大差別。弗雷德服務模式的確給客戶以熱情，認真並體貼地完成了信件的整理和安全送達。弗雷德是否通過服務達到提升自己是未知的，或許這種服務精神就是他的性格和工作態度的反映，是一種自發的服務精神，是建立在西方職業信仰之上的優秀從業者。這種精神和態度是建立在宗教信仰和宗教職業觀之上的自我救贖心態，而不是完整的服務哲學的體現。再如，作者強調積極的工作心態，但認為不依賴他人的支持、承認和獎勵，完全靠自己的努力做到最好，是帶來成就感的決定性因素，還是將服務圍於自我了。金鑰匙完成的卓越服務很大程度上既有自己的努力，也有團隊和網絡的多方支持、積極合作來完成，金鑰匙從來不是孤軍奮戰在服務一線。

在西方服務文化發達的地區，有很多世界頂級的酒店和著名的酒店集團都有自己的服務理念和服務模式。例如酒店業服務榜樣之一的麗思卡爾頓酒店，就有自己獨特的座右銘：「我們是為紳士和淑女服務的紳士和淑女。」簡而言之，就是：我們都是紳士和淑女，服務紳士和淑女。其服務理念和服務模式中蘊含了濃厚的西方文化浸透的服務精神，不了解西方的職業倫理和服務文化是難以參透其中玄機的。

三、「服務人員」的服務模式

「服務人員」，是指在一個企業甚至一個行業從事具體服務工作或服務項目的人。在二十世紀八〇年代前後，我們通常把在餐飲、飯店、商店等職業中專門從事服務工作的人稱作「服務員」。隨著時代與經濟的快速發展，第三產業快速興起。按照服務概念，第三產業提供的產品是不同於物質生產部門，它不以實物形式存在。服務的提供過程，就是購買者對服務產品的消費過程。顯然「服務員」的概念，已經不能涵蓋從事服務產業的人員了。於是，我們將從事第三產業服務的人員統稱為「服務人員」或「服務業從業者」。即使是蘋果、三星、華為和格力等大型生產性企業，也會把自己定位成服務客戶某種需求的企業。

「服務人員」的服務模式，其特徵主要體現在對服務的認知上（或潛意識裡認為）：

其一，服務是一種謀生手段，目的是掙取自己生活資料；

其二，服務是工作性質或工作崗位的要求，崗位僅僅是行業部門運轉的一個環節；

其三，服務的責任就是保質保量地完成上級交辦或者崗位要求的任務。

這種服務模式是市場經濟條件下的服務崗位相對標準服務模式，也是存在於服務行業的最廣泛的模式，還有一些服務模式，產品售後（補償式）的服務模式、親情式的服務模式，隨著時代的發展更多的服務模式不斷湧現，由於篇幅所限，就不再一一介紹。

第三節·

金鑰匙
服務模式

金鑰匙服務，是指金鑰匙通過掌握著豐富信息的服務網絡為客戶提供專業化、個性化的委託代辦服務。金鑰匙服務被行業專家和客戶們認為是飯店服務的極致。金鑰匙的高附加值專業化服務能夠為其所

在飯店更大的經營效益。隨著金鑰匙的發展，飯店委託代辦的經常性工作，例如訂機票、送郵件、租車、訂宴會、提供行車路線等，開始在金鑰匙手中由枯燥無味變得充滿魅力，已經將歷史上單純的「看守」工作轉換成了具有高附加值的服務藝術形式。

金鑰匙服務模式，按照金鑰匙服務的理念、精神和特徵進行的服務稱為金鑰匙服務模式（Golden key's service model）。近年來，由於金鑰匙服務的品牌效應，物業、銀行、醫院等其他服務行業紛紛學習和引進金鑰匙服務模式。

從金鑰匙的歷史經驗和理念發展來看，金鑰匙服務模式有以下幾點特徵：

一、卓越的服務理念

無論西方的金鑰匙，還是中國的金鑰匙，全球所有的金鑰匙服務都有自己追求卓越的服務理念。西方金鑰匙以「傳承友誼，用心服務」「一言九鼎，言而有信」等理念構建服務理念，中國金鑰匙則以「先利人後利己」「用心極致滿意加驚喜」和「在客人的驚喜中找到富有的人生」等服務理念構建具有中國特色的金鑰匙服務哲學。他們共同實踐並打造著「雖然不是無所不能，但會竭盡所能」地超出常規服務效果。正是由於有了自己的服務哲學和理念，所以金鑰匙服務才能成為一項事業、一項終身修練的技能和心法，打造頂級的服務品牌。

二、網絡協作

　　網絡協作是飯店金鑰匙服務與其他服務模式區別的第二大特點。金鑰匙成員擁有一張無形的覆蓋範圍非常廣泛的高效服務網絡。當金鑰匙針對客人的特殊要求開展服務時，往往是立足金鑰匙崗位，輻射所在飯店的各個部門，溝通和調動飯店各個部門的協調運作，如有必要則會進一步突破自身飯店的限制，將服務延伸到所在城市公共服務的整體中，和其他飯店及相關服務載體相配合，完成令客戶滿意的服務。如果情況特殊，金鑰匙的網絡化會進一步突破地域的限制，延伸到其他城市、地區和國家，通過金鑰匙全球服務網絡完成客戶服務。在為國際化的客戶服務過程中，金鑰匙需要突破地域和時空限制，調動全球的金鑰匙服務資源才能完成難度極高的跨國服務。互聯網的興起使得金鑰匙服務模式更具全球化，服務變得沒有疆界。金鑰匙的這個服務網隨著客戶的需要大小的改變而伸縮，依靠網絡協作精神，金鑰匙對客戶實現著「雖然不是無所不能，但會竭盡所能」的承諾。

三、創造性思維

　　金鑰匙是創造性地解決服務問題的大師。一般常規性服務都可以按照規範的服務流程來解決，金鑰匙服務除了常規的服務之外，面對客戶的問題往往是普通服務人員按照常規服務流程難以解決的服務問題，或者說沒有常規的服務流程可以依靠。在這種情況下，金鑰匙需要以打破常規的創造性思維，精準定位客戶需求，然後調動自己日常

積累的信息網和各種資源（團隊協作），竭盡所能地（突破困境）解決客戶問題，獲得超出客戶需求期待的效果。

四、追求極致（藝術化）

金鑰匙的服務要求把簡單的服務崗位和服務職業提升到了一種事業的高度，想客戶所想，急客戶所急，體貼入微，追求極致，以求實現達到盡善盡美的個性化服務。這種服務效果多數情況下超越了客戶期待，使客戶既滿意又驚喜。這種服務模式，要求金鑰匙把握服務行動的節奏，隨緣就物，順勢而為，如庖丁解牛，遊刃有餘。這種服務已經步入化境，成為服務藝術。在超越了客戶期待的互動中，服務者自身在看似天成的服務中超越了自己，實現了自我，在客人的驚喜中找到富有的人生。這種對極致追求，既是一種藝術的追求，又是一個不斷修練、不斷創造自己、不斷超越自己的過程。

中國金鑰匙組織負責人孫東先生，對於金鑰匙日常工作的內容曾經有過一段非常形象的描述。如果有客人要一份地圖，迅速地找到地圖，然後熱情地把地圖交到客人手裡，這就是我們通常認為的服務好。可是作為金鑰匙，就不能滿足於把地圖交給客人，還要徵詢他的意見，問：「請問您想到什麼地方？我可以幫您在地圖上找到並給您畫出最佳的路線圖，如果您需要的話，我們還可以給您準備一輛車……」也就是說，金鑰匙的服務模式，不會把自己僅僅限制在一般的服務規範所要求的範圍內，而且要善於發現客人真正的需要，並給予竭盡所能的服務幫助。

有人會問，在智能手機普及和流行的今天，客人利用智能手機就能搞定地圖和出行問題，那還需要金鑰匙做什麼？我們來看看下面的案例。

◆ 案例：

這天金鑰匙 Ronald 黃卓材像往常一樣在櫃檯忙碌著。一個較為年長的外籍客人帶著幾分歡欣幾分迷茫的表情進入了他的視野。問候客人及詢問有何幫助後，這位來自加拿大的客人道出了他怪異表情的原委。他就要當外公了！他女兒剛在萬里之外的溫哥華進入醫院待產，外孫快將降臨人世。客人希望能得到酒店金鑰匙的幫助使他儘快趕回溫哥華陪伴在女兒身邊去分享這個重要時刻。可是客人原來預訂的是三天後從香港起飛的加拿大航空公司航班。

聽完客人的講述後，Ronald 馬上意識到這將會產生連串的交通問題。最重要的是航班的更改。加拿大航空公司沒有直飛廣州的航班，所以機票的更改必須在香港進行。廣州機場方面也不會有相關的信息。一時間問題似乎不能馬上解決。客人打算馬上去合作的中方公司進行會談。

Ronald 請客人留下電子客票的副本和他的聯繫方式（加拿大手機），並請客人先行前往合作公司進行商務活動，並承諾會盡一切可能讓客人儘早歸國享受天倫一刻。送走客人後，Ronald 馬上致電香港萬豪酒店禮賓部，向他們諮詢加拿大航空香港辦事處的聯繫方式，上網查詢加航香港飛溫哥華的航班時刻表。之後馬上致電加航香港辦事處查詢機票更改的可能性。

幸運地，當天傍晚還有一個航班有兩個座位剩餘。高興之餘，Ronald 按捺著心中的激動，先讓對方不要掛線，用另一個電話直撥客人的電話通知當晚可以成行，並確認客人同意相關的安排。客人驚喜地大叫：「就今晚飛走！」航班改好了，接下來就是廣州到香港機場的交通問題。廣州到香港機場有幾種方法：鐵路，在香港轉乘地鐵；廣州到香港機場大巴；香港跨境小車。客人中午才能回酒店退房離開，正佳廣場旁就有永東巴士到香港機場的專線，剛好 12：40 有班車發出並查得尚有餘票。對於趕乘 19：35 起飛的航班來說有點緊張，但還是可行的。確定交通方式後，Ronald 立刻到售票窗口，為客人墊付購票。落實好各項安排後，一切就靜待客人回店退房了。

不到 12 點，客人歡喜地回來了。Ronald 促請客人馬上收拾行裝，準備出發。12：20 左右，客人退房完畢，來到酒店大門前，黃立即提著客人的行李一同趕往巴士站確保行程順利。臨別前客人感激萬分，並表示下次再來廣州一定再來找他。

Ronald 將名片留給客人，再一次提醒客人，到家之前的旅途上有任何需要，都可以隨時與自己聯繫。金鑰匙必定竭盡全力，為客人的需求待命。三天後，Ronald 收到客人來自加拿大的電郵，說他順利回到溫哥華，及時與家人見證了這個最重要的時刻。

作為服務專家，金鑰匙不但想客人之所想，而且想客人所未想，以服務專家的水平，給客人提供一項或多項可供選擇的服務方案；不但使客人滿意，而且使客人喜出望外。

即使是普通人眼中的端茶倒水，放在金鑰匙的服務模式中，也能夠給客人端出滿意，倒出驚喜。這就是金鑰匙服務模式與其他服務模式的最大不同，它必將引領「中國服務」走向未來。

第三章

先利人後利己

「先利人後利己」是中國金鑰匙服務中的本體論、認識論和價值論的統一，即金鑰匙存在於社會的根本基礎，以及金鑰匙如何認識社會運行，在社會中保持根本的職業價值取向的統一。「先利人後利己」也是中國金鑰匙的價值觀和職業倫理的邏輯起點，其內涵豐富而深刻，無論是個人還是團體組織，按照這個原則行動，是取得成功的必要條件。

第一節 ·
金鑰匙哲學
的本體論基礎

一、利是社會本體論基礎

「先利人後利己」是中國金鑰匙服務理論中的第一句，其重要性是毋庸置疑的。那麼什麼是「利」呢？利人利己有什麼重要性呢？

中國是「世界四大文明古國」中唯一歷史和文明沒有中斷的，其原因有很多，但最重要的一個原因是漢字的傳承具有極強的生命力。

作為世界上唯一流傳至今的象形文字，每一個漢字都有豐富的內涵和信息能量。研究和闡述中國的理論和文化，是無法離開漢字解讀的。

「利」的基本字義：利，li，從禾從刂（dao），也。從刀，從禾。表示以刀斷禾、收穫穀物的意思。本義：刀劍鋒利，刀口快。引申義：收穫穀物、得到好處。從人類歷史生存和發展來看，「利」是本義指刀刃快，引申指人類用刀或者利器割下穀物維持正常的物質生活。進而「利」又有了以下釋義：1. 好處，與害、弊相對：～弊。～害。～益。～令智昏。2. 使順利、得到好處：～己。～用厚生。3. 與願望相符合：吉～。順～。4. 刀口快，針尖銳，與「鈍」相對：～刃。～劍。～口巧辯。5. 從事生產、交易、貨款、儲蓄所得超過本錢的收穫：～息。～率。一本萬～。

恩格斯在晚年指出，馬克思發現了人類歷史的發展規律，即歷來為繁蕪叢雜的意識形態所掩蓋著的一個簡單事實：人們首先必須吃、喝、住、穿，然後才能從事政治、科學、藝術、宗教等；所以，直接物質生活資料的生產，從而一個民族或一個時代的一定的經濟發展階段，便構成基礎，人們的國家設施、法的觀點、藝術以至宗教觀念，就是從這個基礎上發展起來的，因而，也必須由這個基礎來解釋，而不是像過去那樣做得適得其反。

「人吃飯是為了活著，但人活著絕不是為了吃飯。」人類的吃、穿、住等物質生活資料和直接物質生活資料的生產，是人類社會存在的本體論基礎，這也是「利」所包含的哲學和文化意義。司馬遷在《史記‧貨殖列傳》中講：「倉廩實而知禮節，衣食足而知榮辱。禮生於有而廢於無。故君子富，好行其德；小人富，以適其力。淵深而

魚生之，山深而獸往之，人富而仁義附焉。富者得執益彰，失執則客無所之，以而不樂。夷狄益甚。諺曰：『千金之子，不死於市。』此非空言也。故曰：『天下熙熙，皆為利來；天下攘攘，皆為利往。』」可見，物質利益的需要滿足是人們知榮辱、德行和禮儀產生的前提基礎。

「天下之人，熙熙攘攘；為利而來，為利而往」，表明了「利」為人們生活忙碌的現實目標，「利」是人類社會存在的物質生活基礎，是社會存在和運轉的本體論基礎。既然「利」是人類社會存在的物質基礎，那麼金鑰匙哲學提倡「先利人後利己」就具有本體論和生存論上的合法性。

二、義利之辯

中國的傳統文化歷來強調重義輕利的價值觀。眾所周知的名言：「君子喻於義，小人喻於利」（《論語・里仁》），強調義和利是劃分君子與小人的標準。而金鑰匙提倡「先利人後利己」，這是不是與我們傳統的道德觀和價值觀相悖呢？如果從哲學思路來思考，我們會追問，「利」與「義」到底是怎麼回事？

「義」是儒家君子的內在道德標準，是君子立身之本和行為的最高準則。孔子講：「君子義以為質，禮以行之，孫以出之，信以成之。君子哉！」（《衛靈公》），還說君子行事以義為準繩，合於義則做，不合於義則不做。反之，唯利是圖的人則是小人。荀子指出：

「唯利所在，無所不傾，若是則可謂小人矣。」（《不苟》）

那為什麼儒家要把義和利對立起來，當成區分君子與小人的界限？因為在孔子生活的春秋時期，整個社會禮崩樂壞，當時的王公貴族卿大夫追逐個人的利益，已經到不問合禮還是非禮的地步。所以，孔子要「克己復禮」。「名以出信，信以守器，器以藏禮，禮以行義，義以生利，利以平民，政之大節也。」（《左傳‧成公二年》）儒家認為，遵守禮和義的獲利方法才是應該被提倡的。

金鑰匙強調他人利益（社會利益和團體利益）的同時，也強調個人利益的共在性，追求他人（社會、企業）和個人利益的統一。共利共贏，而不是單方的利益獲得。這正是遵守現在市場經濟條件下的義和利辯證統一的獲利方法。正因如此，金鑰匙哲學沒有提倡「毫不利己，專門利人」的服務思想。對大多數生活在市場經濟條件下的人來說，追求利人利己的共贏效果，提倡通過合法勞動獲得更多財富，是金鑰匙哲學所倡導的。

三、小費問題

金鑰匙是國際化的組織，面對的客人來自全球各地。金鑰匙又經常能做到令客人「滿意加驚喜」的服務，很多客人出於感激或者出於消費習慣，會給金鑰匙一定的小費或者小禮品。但在中國酒店文化中是沒有小費文化的，到底該不該收小費曾經一度困擾著中國的金鑰匙。為了弄清服務小費的問題，我們可以看看其他國家的小費文化。

在一些國家，付給服務人員小費是對他們的尊重、獎賞和鼓勵，服務人員對這種工資之外的獎勵收得心安理得，這已經成為西方某些國家特有的服務文化。在美國，小費是服務人員收入的重要部分，客人支付小費也成為根深柢固的禮儀傳統。但是，如果你去瑞典等北歐國家旅行，你會發現在那裡對小費並不看重，有的國家享受服務幾乎很少需要支付小費。在日本、新加坡、澳大利亞等國家也沒有必須付小費的傳統。

為何各國的小費文化差異會這麼大呢？經濟學家們解釋說：與其他行業相比，美國的服務業靠的是價格低廉的工人，這在瑞典等歐洲發達國家是找不到的。據研究發現，瑞典收入水平最低的十分之一的人群的平均工資，相當於中等收入人群的百分之七十五，而美國只相當於百分之三十七。儘管美國的人均收入比瑞典高百分之二十五，但瑞典最低收入人群的工資卻媲美國同樣群體的工資高百分之六十。

勞動力價格差異則來自歷史傳統。長期受基督教影響的歐洲人堅信，運氣的偶然性決定了人生命運，普遍不相信「有錢人的財富是他們應得的」這樣的說法。他們認為世界是不平等的，因而傾向於高稅率，用制度對收入進行再分配。這種觀念來自漫長的封建王朝中，君王和貴族對平民的任意盤剝。在那個時代，幸福和成功和個人的努力無關，只取決於家庭出身。而美國人則不同，他們的歷史是全新的，他們信仰的新教提倡努力工作和敢於冒險，鼓勵人們沿著經濟階梯往上攀，而自己要對自己的貧窮負責，所以美國人能接受收入的懸殊，也正是這種懸殊，使得低收入行業者經常依靠小費來補貼。

即使在美國，小費文化也受到爭議和挑戰。一些觀點認為，服務

生只是盡了自己的本分，社會習慣要求享受服務的人必須給小費，還要主動給，這就不對。服務生有最低收入保障，他們餓不死。麥當勞的員工也一樣辛苦，為什麼沒人覺得該給他們小費？憑什麼要聽所謂社會習俗「別給那些人小費，但要給這些人」（往往男女服務生收到的小費是不同的）？政府又憑什麼要對她們的小費徵稅，是不是小費的存在確認了服務生不過是不時受到政府欺壓的群體之一？越來越多的餐廳開始廢除這一制度。例如，美國聯合廣場餐飲集團（Union Square Hospitality Group）已經牽頭行動，從廢除小費提高優秀員工的工資做起，試圖長遠地改變餐飲行業的格局。也有一些餐廳做法其他國家的做法，將服務費按總消費額比例收取並標註在小票上，或乾脆算在菜品裡，讓每一道菜漲價。

在中國，人們通常認為服務業既然拿了我們間接付給他們的錢，他們理應為我們提供良好的服務，所以通常不付小費。而且，在國人心中還有「全心全意為人民服務」這一精神的影響，所以小費文化基本上沒有存在的基礎。

但是面對來自全球各地的客人，感受到了「滿意加驚喜」的服務，出於感激或者出於消費習慣，真誠地付給金鑰匙小費或者贈予禮品的時候，金鑰匙可以採用的原則是「不期待」和「順其自然」。因為，我們金鑰匙的價值觀是「先利人後利己」，金鑰匙不是清教徒，既然客人對我們的服務給予肯定和獎勵，我們可以坦誠接受，但不會停下服務修練和前行的腳步。

第二節·
先人後己的
認識論和方法論

當我們講金鑰匙的本體論是「先利人後利己」時，隨之而來的問題是：為什麼先利人後利己，而不是倒過來，先利己後利人？這涉及金鑰匙的認識論和方法論問題，如何認識和處理個人與他人的利益關係？

一、義利合一

◆ 案例：

在某個寺院，年輕的修行僧問老師：「聽說在那個世界有地獄和天堂，地獄到底是什麼樣的地方呢？」

老師是這樣回答的：「在那個世界確實既有地獄也有天堂。

但是，兩者並沒有太大的差異，表面上是完全相同的兩個地方，唯一不同的是那兒的人們的心。」

老師繼續講道：「比如吃飯，地獄和天堂裡各有一個相同的鍋，鍋裡煮著鮮美的麵條。但是，吃麵條很辛苦，因為只能使用長度為一米的長筷子。住在地獄的人，大家爭先恐後想先吃，搶著把筷子放到鍋裡夾麵條。但筷子太長，麵條不能送到嘴裡去，最後搶奪他人夾的麵條，你爭我奪，麵條四處飛濺，誰也吃不到自己跟前的麵條。美味可口的麵條就在眼前，然而每一個都因飢餓而衰亡。這就是地獄的光景。與此相反，在天堂，同樣的條件下情況卻大不相同。任何人一旦用自己的長筷夾住麵條，就往鍋對面人的嘴裡送，『你先請』，讓對方先吃。這樣，吃過的人說『謝謝，下面輪到你吃了』作為感謝和回贈，幫對方取麵條。所以，天堂裡的所有人都能從容地吃到麵條，每個人都心滿意足。」

即使居住在相同的世界裡，對他人是否熱情、關心就決定那裡是天堂還是地獄，也決定了獲得自己利益最妥當的方法。

孔子講：「君子喻於義，小人喻於利」（《論語·里仁》）。傳統儒家之所以強調義對君子的重要性，除了一方面要求處理好自己利益和他人利益的統一關係，共贏關係，另一方面，是強調獲利的次序，即先人後己，最終才能達到「義利合一」。

現在的「义」的本源是繁體字「義」。《說文解字》這樣釋義：「義，己之威儀也。從我羊。」這裡的「義」讀第二聲，同「儀」聲。「儀」主要是就人的禮儀和風度而言的，「儀者，度也」。所謂「度」

就是適度、適當之意也。人之禮容儀容皆得其宜，那當為善也，這也是「義」為「儀」的本義。這就突出了三個概念：一是儀，二是宜，三是善。「義」強調人們對事物進行均等和適度相宜的分配，或者說是對物、對利的適宜分配而達到的和諧狀態。

《中庸》提出「義者，宜也」。「宜」，適宜，合宜，即「裁制事物使合宜也」。以後的思想家也多是從這個意義上去解釋「義」的。如韓愈指出：「博愛之謂仁，行而宜之之謂義」(《原道》)；朱熹在《集注》中講：「義者，行事之宜」。這裡的「宜」表示合宜的應當性與合宜的適當性兩重意思。那麼，什麼樣的狀態才能算「合宜」呢？當時的思想家們下面所論給出大致方向：「義者比於人心，而合於眾適這也」(《淮南子‧繆稱》)；「義者宜也，斷決得中也」(《白虎通義》)「至平而止，義也」(《管子‧水地》)。從中可以看出，「義」是讓人們在裁制事物的時候，要遵循「比於心」、「合於眾」、「止於平」、「行於正」、「得於中」的原則。即是說，同於人心，符合大眾，安止公平，行使正義，無所偏私的行事原則和道德規範就是義。所以，公平、公正、中正是「義」呼喚的精神。換句話說，公平、公正、中正是由「義」而產生的精神追求。

先利人後利己，是在社會實踐中要尊重他人、理解他人的基礎之上完成，還要注意方法上的公平和正義。不是一味無私，也不是不管形式或名義，而是盡量達到「義利合一」。「義」的一個最直接和最終的目的一定是要達到「分配」以後的「和諧」之效果。這也是為什麼中國傳統哲學喜歡將「義」與「和」聯繫起來的原因之所在，「義者，利之和也」此之謂也。這也是中國古人追求的至善境界。

二、禮讓與治國

孔子提倡「以禮治國」「為國以禮」（《論語・先進》），終其一生周遊列國以推行恢復周禮，強調「禮讓」「好禮」，講究「克己復禮」。這是有深刻的歷史基礎。

英國偉大思想家霍布斯（1588-1679）在《利維坦》中說，在國家產生以前，人們在「自然狀態」下，每個人都按照自己的願望和方式採取一切手段來保全自己和爭奪物質利益，當懷疑有人有侵害自己的企圖時，或者利益被奪去時，便先發制人，立刻進行襲擊，產生互相爭鬥的局面，最終結果是弱肉強食。因為缺乏公共權威，社會處於「人人相互為戰的狀態」，「人對人像狼一樣」。最終整個社會就陷入衝突和混亂之中，人人都惶惶不可終日。霍布斯認為，我們人類要生存下去，並能生活得更好，就必須讓渡我們的基本權利，交給一個公共的機構來管理，這個機構就是「利維坦」，即國家。國家對我們每個人都是必須的，我們也必須服從國家的一切法規。法規是比禮儀更加嚴苛的社會行為規範。大家共同讓渡自己的部分權利，建立一個無比強大、無比威嚴的公共權威，以此擺脫險惡無比的戰爭狀態。這就是著名的西方現實主義國際關係思想起源。

生活在不同歷史時空的孔子則是更早地認識到「為國以禮」的重要性，並把這一原理運用到治理社會和國家的理念中，指出「禮，經國家，定社稷，序民人，利後嗣者也。」（《左傳》隱公十一年）可見，在正常的社會交往和處理社會關係中，面對利益時先人後己的禮讓，其後果要優於先己後人的爭奪。因為，先己後人的資源爭奪只能帶來社會的混亂和動盪。

三、利他的層次

雖然我們明白了利人利己次序的重要性，但「先利人後利己」的利他哲學作為服務指導原則，在實踐中仍會有一些困惑。例如，現在的一些家長對自己的小孩子無微不至的照顧，醫院的護士對病人的護理，警察和消防人員救助掉下河道的市民，飯店前廳服務人員幫助客人運送行李等。這些現象算不算金鑰匙提倡的「先利人後利己」精神？這就涉及利他的層次問題。從哲學研究的視角，我們可以看到「利他」是有多個層次的。

1. 基礎利他

◆ 案例：

台灣著名教育家高震東在演講《天下興亡，我的責任》中這樣講：

我在台灣辦學校就是這樣，如果教室很髒，我問「怎麼回事?」假如有個學生站起來說：「報告老師，今天是 32 號同學值日，他沒打掃衛生。」那樣，這個學生是要挨揍的。在我的學校，學生會這樣說：「老師，對不起，這是我的責任」，然後馬上去打掃。燈泡壞了，哪個學生看見了，自己就會掏錢去買個安上，窗戶玻璃壞了，學生自己馬上買一塊換上它——這才是教育，不把責任推出去，而是攬過來。也許有些人說這是吃虧，我告訴你，吃虧就是占便宜，這種教育要牢牢記在心裡，我們每個中國人都要記住！

學校更應該訓練學生這種「天下興亡，我的責任」的思想。校園不乾淨，就應該是大家的責任。你想，這麼大的一個校園，你不破壞，我不破壞，它會髒嗎？髒了之後，人人都去弄乾淨，它會髒嗎？你只指望幾個工人做這個工作，說：「這是他們的事。我是來讀書的，不是掃地的。」這是什麼觀念？你讀書幹什麼？讀書不是為國家服務嗎？眼前的務你都不服，你還能為未來服務？當前的責任你都不負，未來的責任你能負嗎？水龍頭漏水，你不能堵住嗎？有人會說：「那不是我的事，那是總務處的事。」這是錯誤的。

從社會學視角來看，生活在社會中的每個人或企業都有多重的社會角色，每個社會角色都有相應的社會責任。承擔相應的社會責任是一個人生存在這個社會上的必要條件。實現社會責任要通過社會勞動，社會勞動的實現形式大部分是具有利他要素的。這種利他行為更多是社會角色或者崗位角色所要求的，利他的結果是通過社會分工的配合與循環，最終達到利己的目的。這種「先利人後利己」是被動的社會角色要求。這種利他是侷限在家庭、工作崗位或者職務角色的有限範圍。撫育孩子、贍養老人是家庭責任要求的利他，護理病人、救助市民是崗位要求的利他。這些利他行為是為了使人正常生活在當下社會的手段，這種利他是維持社會正常運轉的社會行為。承擔社會責任的利他也是社會公民的基本道德和素養。

除了社會責任要求的利他之外，從「理性人」或「經濟人」的層面，利他是一個人存在於市場經濟中實現利己目的的手段。

按照傳統市場經濟學的視角，市場的每個人都是自我逐利的「理

性人」或者「經濟人」。經濟學假設的理性人，就是能夠合理利用自己的有限資源為自己取得最大的效用、利潤或社會效益的個人、企業、社會團體和政府機構。理性人，是對在經濟社會中從事經濟活動的所有人基本特徵的一個一般性抽象。這個被抽象出來的基本特徵就是：每一個從事經濟活動的人都是利己的。古典經濟學的集大成者亞當·斯密發展了經濟（理性）人的觀點，賦予了經濟（理性）人兩個特質：一是自利，二是理性。也就是說，每一個從事經濟活動的人所採取的經濟行為都是力圖以自己的最小經濟代價去獲得自己的最大經濟利益。

既然經濟（理性）人是自利和理性的，為什麼市場經濟依然能夠良性地發展呢？亞當·斯密認為，每個人雖然是從利己的目的出發，但卻需要通過利他的手段去達到利己的目的，即「主觀為自己，客觀為他人」。歷史和實踐證明，即使從自利的角度講，利他也是利己最好的手段，利他也是利己的長久之計。即使是這個層次的利他，已經算是非常良性的社會運行狀態，因為每個人、企業或者社會團體雖說是從自己利益的最大化出發，但在客觀實際的做事上，還是在行利他之事，對社會還是具有整體推動作用，只不過對於自己利益的回報會考慮得非常清楚。

可以看到，無論是社會責任要求的利他，還是「理性人」或「經濟人」層面的利他，都是潛在被動性的利他。這種被動性的利他，是一個人實現生存和利己目的的手段，也是社會運轉和發展的基礎，我們稱之為「基礎利他」。

2. 高級利他

金鑰匙提倡的「先利人後利己」的利他哲學顯然不是基礎層面的利他，而是相對主動的利他行為。在這個層次，利他是一種純粹的發心和目的，他們已經不計較自己的利益，利己已經不是目的，而是自然而然順帶的結果。我們稱之為「高級利他」。

馬雲在阿里巴巴十週年的慶典上曾經說：「我認為這世界在呼喚一個新的商業文明，舊的商業文明時代是企業以自己為中心，以利潤為中心，創造最有價值，希望能夠獲取更多的利潤，以自己而不是以社會為中心；二十一世紀，我們需要的企業是在新的商業文明下，在新的環境下面，如何對社會的關係，對環境的關係，對人文的關係，對客戶的關係，重新進行的思考。」我們認為，馬雲提出在新的商業文明和新環境下，重新進行思考的各種關係的模式，就應該是利他的模式。日本的經營之聖稻盛和夫提出：「求利之心是人開展事業和各種活動的原動力。因此，大家都想賺錢，這種『慾望』無可厚非。但這種慾望不可停留在單純利己的範圍之內，也要考慮別人，要把單純的私慾提升到追求公益的『大欲』的層次上。這種利他的精神最終仍會惠及自己，擴大自己的利益。」《道德經》中講：「後其身而身先，外其身而身存。以其無私，故能成其私。」老子告訴我們一個原理，道家的思想認為大多數人畢竟是自私的，好像天生萬物，人的自私是應該的。不過人要成就其私，必須先要完全否定其私，要以無私行大公之事，才能有所成就。

這個層次的利他之人，不會把利他當成一個純粹的利己手段。他們追求的就是真心服務於顧客、造福於社會，利己變成順帶的結果。

對金鑰匙來講，服務就是一種本能，服務是一種不斷挑戰自我提升自我的修練。面對客人的難題和需要，他們頭腦中考慮的是用何種辦法儘快解決，根本不會考慮自己的利益或者小費等問題。在金鑰匙看來，滿意加驚喜地解決客人的難題，才是他們的天職。

◆ 案例：

美國來一位客人曾經要求一名金鑰匙幫助他在飯店前的聯合廣場上降落一個廣告熱氣球。降落熱氣球必須得到有關部門的批准，發放熱氣球准放證，才可以操作。這名金鑰匙通過各種關係，找了多個部門，奔波了三個星期，終於為客人申請到了。但是，客人甚至連一聲「謝謝」都沒有說，而金鑰匙所得到的就是完成這項工作所帶來的滿足感。

推動金鑰匙不斷前進的動力來自於各種各樣的挑戰。對於金鑰匙來說，挑戰是一件令人振奮的事情。不停地變換思維，接觸各種文化和各色人種；牢記各種令人煩惱的事情，但還不能表現出來；使不可能變為現實；越是奇怪刁鑽的難題，得到的挑戰和樂趣越大，正是在這種挑戰和樂趣中金鑰匙的各種服務能力變得越來越強大，自我滿足感也越來越強烈。

3. 頂級利他

頂級層次的利他，已經沒有了利他利我之分，利他與利己渾然一體，一切只是自然而然的行為。這是一種「毫不利己專門利人」棄掉

「我執」[1]的利他。這個層次的服務行為主體，充分認識到了馬克思所說的，「人的本質不是單個人所固有的抽象物，在其現實性上，它是一切社會關係的總和」[2]。他們心中是沒有「他」與「我」之分，「我」的現實存在本來就是「他」的一切關係的綜合體。「他」與「我」本來就是一體的。他們認識並真正做到「無我」，達到天下大同、萬物一體的心境。所以，他們沒有利他這個想法，只是按照自己的清淨本心，按照自己的良知，去自然的行事。這種事自然是利他之事。

這種境界，用佛家的語言描述，就是「三輪體空」的狀態，既沒有施者，沒有受者，也沒有布施（利他）這件事，一切只是自然而然的行動，不會有求回報、求認可之心，就只是默默地去做即可，做完也不會放在心上，只是一種無我無他、平平淡淡、歡歡喜喜、活在當下的人生境界。

作為一個普通人，只要擔負起基礎利他的責任，認真完成責任要求，就能夠在市場經濟的時代中生活得很適應。但是如果要想有所作為和事業成就，就需要轉變自己的價值觀，以高級利他為標準，不斷地修練和提升自己的方方面面。金鑰匙作為「高級利他」層次的代表，要「用心極致」，通過解決各種難題和挑戰，不斷地增加自己的

1　我執，佛教用語。小乘佛法認為我執是痛苦的根源和輪迴的原因。佛教認為「我執」是對一切有形和無形事物的執著，是人類執著於自我存在的觀點，包括自大，自滿，自卑，貪婪等等，放不下自己，心中梗著非常大、非常粗、非常重的「我」，執著自己的想法、做法、人格等，提不起自己和他人的義務與責任，自我意識太強而缺乏集體意識和奉獻精神，或太關注自己而忽略別人等等。消除我執是佛教徒的一個修練目標，認為沒有我執就可以將潛在的智慧顯現出來，進而修練成為有大智慧的人，即為「佛」。
2　《馬克思恩格斯選集》第1卷，北京：人民出版社，1995年，第60頁

閱歷和智慧，全面提升服務能力和服務心境，最終實現富有的人生。隨著閱歷和智慧的不斷增加，在金鑰匙群體中，會有個別金鑰匙通過自身不斷修練達，有意或無意地達到頂級利他層次，或者在某種解決極端服務的難題挑戰中，實現自我超越需求的境界。

第三節·
先人後己
的價值論

一、金鑰匙價值觀

「先利人後利己」不僅是金鑰匙的本體論、認識論和方法論，更是價值論的體現，即金鑰匙如何運用價值觀做出價值取向的思路。價值觀是基於人的一定的思維感官之上而做出的認知、理解、判斷或抉擇，也就是人認定事物、辨定是非的一種思維或取向，從而體現出人、事、物一定的價值或作用。價值觀具有主觀性和客觀性、穩定性和持久性、歷史性與選擇性的特點，對人的行為動機有導向的作用，同時反映人們的認知和需求狀況。

金鑰匙深刻認識到，人類社會離開相互的服務，就沒有人類與社會本身；生活離不開服務，服務離不開生活；生活就是服務，服務就是生活。金鑰匙對服務的本質認知，是超越了簡單的經濟學的服務概念，內含著「人際扶助」的一切要素，反映著人類的最基本、最原始的對愛的需求。

金鑰匙提倡的「先利人後利己」不是停留在方法論上的認識，而是「高級利他」層面的價值觀。金鑰匙以服務為信仰，以服務大眾為己任。無論從事何種事、何種服務工作，他們的行為從不以一己之利為行為的出發點。他們視服務為一種生活方式，一種信仰，並以此約束和指導自己的日常思想和行為。

二、「為人民服務」的信仰

歷史發展告訴我們，無論是個人還是團體、組織或者政黨，只有以服務大眾、「全心全意為人民服務」為信仰才能取得最終的成就。

毛澤東在《紀念白求恩》（1939 年 12 月 21 日）中指出，「白求恩同志毫不利己專門利人的精神，表現在他對工作的極端的負責任，對同志對人民的極端的熱忱。每個共產黨員都要學習他」，「我們大家要學習他毫無自私自利之心的精神。從這點出發，就可以變為有利於人民的人。一個人能力有大小，但只要有這點精神，就是一個高尚的人，一個純粹的人，一個有道德的人，一個脫離了低級趣味的人，一個有益於人民的人。」在《為

人民服務》（1944 年 9 月 8 日）中，毛澤東主席進一步指出：「我們的共產黨和共產黨所領導的八路軍、新四軍，是革命的隊伍。我們這個隊伍完全是為著解放人民的，是徹底地為人民的利益工作的」，「人固有一死，或重於泰山，或輕於鴻毛。為人民利益而死，就比泰山還重」，「中國人民正在受難，我們有責任解救他們，我們要努力奮鬥。要奮鬥就會有犧牲，死人的事是經常發生的。但是我們想到人民的利益，想到大多數人民的痛苦，我們為人民而死，就是死得其所。」在《論聯合政府》一文中，他再一次強調：「緊緊地和中國人民站在一起，全心全意為中國人民服務，就是這個軍隊的唯一宗旨。」從毛澤東當時所提出的要求來看，應當說，這是對新四軍和八路軍的要求，是對廣大革命工作者的要求，也是中國共產黨的初心。

著名作家王樹增在《解放戰爭》一書中，也講到這一道理。他說，國民黨在一九四五年抗戰勝利之後，蔣介石的個人威望達到了歷史的頂峰，國民黨的部隊空前強大，軍隊總人數接近五百萬。國民黨軍隊中主流部隊的裝備和當時反法西斯戰場上的盟軍是一樣的，就連士兵的鞋帶都和美軍的一樣，輕武器都是盟軍裝備，重炮都是美式榴彈砲。在重慶談判時，毛澤東主席兜裡也有個清單，是劉少奇從延安發過來的，當作一個談判的籌碼。這個清單上寫著的共產黨軍隊總人數是一百二十七萬。其實，這個數字有很大的水分，當時我們的正規部隊抗戰期間八路軍有三個師，新四軍基本上沒有了，哪裡來的一百二十七萬？只能是算上民兵了。但最重要的還不是人數，是武器，我們最好的主力部隊裝備就是步槍，部隊的火炮就是繳獲的日本山炮。而我們的民兵

甚至還停留在冷兵器時代，手持大刀就上戰場。「戰爭剛剛開始的時候，幾乎沒有人認為中共會打贏，輿論認為這是不可能的事。」

王樹增說：「近年來我到台灣訪問，突然發現一個問題：台灣的一些學者，甚至蔣介石的高級將領以及他們的後代，總要提這樣一個疑問，直到現在他們還是一頭霧水，不知道從一九四七年到一九四九年間到底發生了什麼事情？怎麼國民黨好好的一個政權就沒有了？坍塌得太迅速了！」通過研究和寫作，他得出結論說：「解放戰爭是一個特殊形態的戰爭。總結國民黨失敗、共產黨勝利的原因，我有三點體會——解放戰爭的勝利是信仰的勝利；而執政黨的腐敗墮落，導致了政權的迅速垮台；此外，解放戰爭的勝利是人民選擇的結果。」這三點體會究其根本是共產黨的價值觀是不與人民爭利益，而是為人民爭利益謀幸福。

「在一場戰爭裡，軍人們擁有什麼樣的信仰很重要，要清楚地知道自己為了什麼而戰！」解放軍的價值觀是為了解放全國人民，國民黨的部隊是為了搶奪和維護自己私人的利益。所以，出現了解放軍越打越多，國民黨部隊越打越少的現象。

解放戰爭中，我們俘虜的國民黨高官，基本上後面都站著一個副官，這個副官是誓死不逃的，也不需要看押。副官永遠提著一個小柳葉箱，裡面統統只有一樣東西，就是金條。但如果是共產黨的將領、幹部在戰場上犧牲了，整理他們的遺物最簡單不過，沒有私人財產，只有兩個兜：一個兜裡是筆記本，或者是有一支鋼筆；另一個兜裡是煙葉，裡面有一支短桿的煙袋鍋。

服務大眾，「全心全意為人民服務」本應是政府的責任，當中國共產黨承擔起這個責任，並以此作為全黨奮鬥的信仰和價值觀，為天下人民爭利益的時候，就已經注定了共產黨必然戰勝為自己爭利益的國民黨。

三、正確理解「人不為己」

有人會說，古人還有「人不為己，天誅地滅」的價值觀呢，是不是人不以為自己謀私利、謀權等當作價值觀，就要招到天地誅殺？

正確理解這句話，必須找到其原本出處。「人不為己，天誅地滅」在《佛說十善業道經》第二十四集：「人生為己，天經地義，人不為己，天誅地滅。」「為」字在這裡發音 wéi，念第二聲，是「修養，修為」的意思。佛經的意思是：人生在這個世界中，要修為自己，這是天經地義的事；反之，人如果不修為自己，是要天誅地滅的。這裡的修為是以十善業為主，即不殺生、不偷盜、不邪淫、不妄語、不兩舌、不綺語、不惡口、不貪慾、不嗔恚、不邪見，這樣修為才是「為自己」。即不為自己製造新的惡果，不為自己造成新的災禍。「為己」是要求人不斷地修練自己，提高並遵循道德法則。整句話是說，一個人如果不注重修養的話，很難在天地間立足。

《道德經》中說：「聖人不積，既以為人，己愈有，既以與人，己愈多。天之道，利而不害；聖人之道，為而不爭。」（《道

德經》中的聖人大致是指懂得世間大道運行規律並按照大道行事的人。）聖人是不存占有之心的，而是盡力照顧別人，從而讓自己更為充足；他盡力給予別人，自己反而更豐富。自然的規律是讓萬事萬物都得到好處，而不傷害它們。聖人的行為準則是，做什麼事都不跟別人爭奪。

對現在的企業來講也是這樣，哪個企業以「全心全意為員工和客戶服務」為價值觀，哪個企業就能走上成功大道。而堅持「以產品為導向」價值觀的企業最終會被市場淘汰。為什麼？以員工和顧客利益和需求為導向，與以產品為導向不一樣。以產品為導向，本質上是以自我為主。馬雲的以「讓天下沒有難做的生意」為價值觀，最終成就了「阿里帝國」。

《大學》講：「物有本末，事有終始。知所先後，則近道矣。」中國金鑰匙把握了服務業的核心精髓——先利人後利己，是真正以客人需求為導向，為他人謀福利謀方便。我為人人，人人為我。以這樣合乎大道的精神和理念去做事業怎會不成功呢？

第四章

用心極致，
滿意加驚喜

如果把「先利人後利己」當作金鑰匙理論的邏輯起點，「在客人的驚喜中找到富有的人生」當作邏輯終點的話，那麼「用心極致，滿意加驚喜」 則就是連接起點和終點的那條大道，是金鑰匙哲學中認識論和方法論實踐的修練路徑。

第一節 ·
用心極致

一、何為用心？

一些人認為，用心就是我們平常工作中所說的認真。其實如果把「認真」和「用心」做比較的話，就會看到認真只是照章辦事，把事情按照程序完成。我們也可能一邊按照程序做事一邊想別的事。而用心則是要求我們在工作中將全部精力和心思專注於所做的事情上，而且要保持一種積極主動、樂觀向上的態度；用心是一種腳踏實地、兢兢業業的態度，更是一種竭盡全力、追求完美的態度。所以金鑰匙提倡用心極致，要將全部的心思和精力放在發現、研究客戶需要和如何滿足客戶需要。

◆ 案例：

　　廟裡的一個小和尚負責撞鐘，照他的理解，這種機械單調、簡單重複的工作，誰都會幹。但是，幹了不久，方丈卻宣布調他到後院劈柴挑水，原因是他不勝任撞鐘之職。小和尚不服氣：「我撞的鍾不準時、不響亮？！」

　　方丈語重心長地說：「你的鐘撞得很響，但鐘聲空泛疲軟，沒有什麼力量，因為你心中無『鐘』。鐘聲不僅僅是寺裡作息的準繩，更為重要的是要喚醒沉迷的芸芸眾生，達到激濁揚清、空明心靈的境界。為此，鐘聲不僅要響亮，而且要圓潤、渾厚、深沉、悠遠。心中無『鐘』，即胸中無佛。」

　　胸中無佛，自然也就體會不到撞鐘工作的神聖，同樣也就幹不好這項工作。

　　有時候我們在工作中犯一些低級錯誤，並不是因為我們目前掌握的知識和技能幹不好這件事，而是沒用心去做。廚師炒菜，用了心，就不會出現今天火候大明天火候小、今天鹹明天淡的現象。再比如，一名老司機，開了十幾年車，你不能說他技術不過硬，操作不熟練，為什麼還會出事故，一句話：沒用心去開車，至少在這一剎那沒用心。

　　用心服務，將心放在對方身上，才能去理解對方，想對方所想，體貼對方的需要。金鑰匙服務要求面對顧客時，要用一顆追求卓越的心，注意到每個客人要求的細微差別，理解客人要求的弦外之音──真正需要幫助所在，多問客人一句。才能發現客戶真正的需要。

◆ 案例：

　　一位日本先生找到一位金鑰匙，詢問哪裡有屠宰場。普通情況下，服務人員只要告訴這位先生屠宰場的地點，或者相關信息就行了。但這位金鑰匙尋思，在這個簡單的要求後面一定另有緣由，於是就進一步詢問客人。經過一番尋問，結果發現，客人是想要一磅牛膽石。一開頭，這位金鑰匙以為客人想要的是牛膽囊，經過仔細詢問，她明白了。她叫來了一家牛排餐館的老闆，該餐館隸屬於擁有一個屠宰場的大牧場。在一番電話之後，這位金鑰匙找到了患有膽結石的一頭牛，客人最終得到了他想要的那一磅，儘管價格不菲。[1]

其次，用心是一種解決問題的方法。

在我們上學的時候，長輩們經常會說「世上無難事，只怕有心人。」用這句話來鼓勵我們克服學習中的困難，激勵我們在困難面前永不言敗。面對生活和工作中的困難，用心才能夠專注於事情，靜下心來分析解決問題的規律和方法，從而最終找到解決問題的關鍵之點。

◆ 案例：

　　一九九五年年底，白天鵝賓館的金鑰匙承接了難度極高的一項服務——世界首富比爾·蓋茨應邀從香港到廣州白天鵝賓館演

1　霍利·斯蒂爾、琳·艾文斯〔美〕，金鑰匙服務學〔M〕．王向寧等譯，北京：旅遊教育出版社，2012,10.

講，金鑰匙要保證他順利到達演講地點，並準時開講。

　　為了避免交通不便而影響惜時如金的比爾‧蓋茨緊張的日程，香港微軟公司向白天鵝賓館提出，最好能調用直升機開闢從南沙港到沙窖島的特別航道。中國的空管是很嚴格的，開闢特別航道，實在難度大。但他們面對困難，沒有猶豫，很快與南航直升機公司聯繫，再根據其要求，經過政府多部門的協助，辦理了飛行圖的審核手續。金鑰匙們對此頗為用心，他們和南航的有關人員一起去南沙及沙窖島踩點，上午在南沙港選擇停機的位置、清除地面沙子、沙井蓋，並落實當地派出所負責安全保衛；下午到沙窖島，由於那裡建了別墅，選擇一塊合適的空地不容易，最後停機坪造在魚塘邊一塊開闊地上，用紅布鋪成停機標誌，並用紅地毯鋪至離碼頭四百米的路口，以便比爾‧蓋茨下機後用專車送到碼頭。

　　體現在用心和職業素養的是，金鑰匙沒有停留在第一套方案上，而是又主動提出了第二套、第三套方案，以防萬一，之後的整整一個月內，他們的神經都繃得緊緊的，用心檢查各個環節是否有疏漏的地方。

　　終於，蓋茨乘飛翔船抵達南沙，天氣不好，在南沙待命的直升機不能起飛。原計畫取消，第二套方案啟動：蓋茨一行乘坐三輛奔馳，由警車開道，用四十五分鐘到達沙窖島，立即登上快艇向白天鵝賓館駛去，十五分鐘後，比爾‧蓋茨準時出現在白天鵝會議中心的講台上。

二、用心極致

用心極致，是指人們在服務工作過程中用心的狀態。從語義分析，表達第一是用心，第二是達到了極致的狀態。表明了對待服務的工作態度。工作態度決定了工作的質量，「出色的工作唯有出色的人才能完成」。唯有用心才能專注，才能由技入道，才能超越自我，逐步進入服務藝術的化境。

《莊子》中描述庖丁為文惠君解牛，「手之所觸，肩之所倚，足之所履，膝之所踦，砉然響然，奏刀騞然，莫不中音。合於《桑林》之舞，乃中《經首》之會。」

庖丁解牛的動作，如同跳舞一般好看，解牛之刀，用了十九年，宛若新磨出來一樣。為什麼？因為，庖丁解牛不是用眼睛看著解牛，而是用心去解牛。庖丁描述自己的用心之道：「臣之所好者，道也，進乎技矣。始臣之解牛之時，所見無非牛者。三年之後，未嘗見全牛也。方今之時，臣以神遇而不以目視，官知止而神欲行。」用心觀而不是用眼看，才能「以神遇」，「官知止」，才能「依乎天理，批大郤，導大窾，因其固然，技經肯綮之未嘗，而況大軱乎！」否則，認真努力地分解牛，其結果「良庖歲更刀，割也；族庖月更刀，折也。」

在庖丁解牛的過程中，專注之心依然不能少。「雖然，每至於族，吾見其難為，怵然為戒，視為止，行為遲。動刀甚微，謋然已解，如土委地。提刀而立，為之四顧，為之躊躇滿志，善刀而藏之。」

古人提倡由技入道，現在提倡匠人精神，這些都建立在用心的基礎之上。有人說：工匠精神就是凡事都要用心。「工匠精神」的精髓，就是要用心活、用心干、用心經營、用心詮釋人生。因為用心，所以他們對自己的產品精雕細琢、精益求精。他們對細節有很高的要求，追求完美和極致，努力把品質從 99%提高到 99.99%。在以匠人精神著稱的許多日本企業中至今還流傳著一句話，「如果花一個小時能夠做完這件事，那麼花兩個小時做得更好吧！」

擁有兩家世界五百強公司的日本經營大師稻盛和夫，講述了「用心極致，滿意加驚喜」的親身經驗。

> 我找到第一份工作後的工作狀況是非常糟糕的。企業瀕臨破產，遲發工資，同事相繼辭職，我也想辭職離開公司，但家裡不同意。這時，我感覺「還找不到一個必須辭職的充分理由，所以我決定：先埋頭工作。」

> 我不再發牢騷，不再說怪話，我把心思都集中到自己當前的本職工作中來，聚精會神，全力以赴。這時候我才開始發自內心並用格鬥的氣魄，以積極的態度認真面對自己的工作。

> 從此以後，我工作的認真程度，真的可以用「極度」二字來形容。

> 在這家公司裡，我的任務是研究最尖端的新型陶瓷材料。我把鍋碗瓢盆都搬進了實驗室，睡在那裡，晝夜不分，連一日三餐也顧不上吃，全身心地投入了研究工作。

> 這種「極度認真」的工作狀態，從旁人看來，真有一種悲壯的色彩。

當然，因為是最尖端的研究，像拉馬車的馬匹一樣，光用死勁是不夠的。我訂購了刊載有關新型陶瓷最新論文的美國專業雜誌，一邊翻詞典一邊閱讀，還到圖書館借閱專業書籍。我往往都是在下班後的夜間或休息日抓緊時間，如飢如渴地學習、鑽研。

　　在這樣拚命努力的過程中，不可思議的事情發生了！

　　大學時我的專業是有機化學，我只在畢業前為了求職，突擊學了一點無機化學。可是當時，在我還是一個不到二十五歲的毛頭小夥子的時候，我居然一次又一次取得了出色的科研成果，成為無機化學領域嶄露頭角的新星。這全都得益於我專心投入工作這個重要的決定。

　　與此同時，進公司後要辭職的念頭以及「自己的人生將會怎樣」之類的迷惑和煩惱，都奇蹟般地消失了。不僅如此，我甚至產生了「工作太有意思了，太有趣了，簡直不知如何形容才好」這樣的感覺。這時候，辛苦不再被當作辛苦，我更加努力地工作，周圍的人對我的評價也越來越高。

　　在這之前，我的人生可以說是連續的苦難和挫折。而從此以後，不知不覺中，我的人生步入了良性循環。

　　不久，我人生的第一次「大成功」就降臨了。

　　實際上想出這個解決方法的是我自己，然而，看到我那麼拚命地工作，那樣苦苦思索，神都看不過去了，神可憐我，賦予了我智慧。我想事情只能這樣來解釋。

　　因為類似的經驗積累了許多次，所以後來遇到難題時，我就會對員工們說：「要讓神願意伸手援助，你就必須刻苦鑽研，全身心投入工作。這樣的話，不管面臨多麼困難的局面，神一定會

幫你，事情一定能成功。」

可以說，這時的技術和業績也奠定了日後京瓷公司發展的基礎。而且這個「最初的成功體驗」讓我悟到一個重要的道理：

即使在苦難當中，只要拚命工作，就能帶來不可思議的好運。

（摘自《幹法》）

由於用心極致，稻盛和夫的拚命工作，不僅感動了自己，而且還感動了同事還有神，取得的成績與好運不僅使公司、客戶，更使自己滿意加驚喜。

用心極致，才能打破心靈原有的桎梏，才能在絕望中尋找希望，打開一片新境界。

◆ 案例：

下午三點多，從酒店外跑進來一位女士，看神情十分著急，帶著絕望的神情對金鑰匙文新豪說：「我是來你們酒店準備入住的客人，剛才乘坐出租車在對面的超市門口下了車，下車後卻忘了拿放在後備廂的兩個行李，想到的時候出租車已經不見了，請幫我找找好嗎？箱子裡有我很多重要物品！」

文新豪聽後安撫客人別著急，又詳細了解了情況，客人從虹橋車站上的出租車，下車付完錢後也沒拿發票也沒記住車號，印象中車的顏色可能是藍、黃、綠三個中的一個。這意味著要在幾萬輛出租車中找出這輛載有行李的出租車，簡直是大海撈針。

雖然猶如大海撈針，但對金鑰匙來說還是要用心極致，竭盡

所能地努力尋找解決問題的蛛絲馬跡。

　　文新豪帶著客人到對面超市，懇請他們能否查看攝像頭，超市的人說只能看到人行道；找到旁邊花店老闆，老闆說十幾分鐘前他看到女士下車，沒注意車號，只看到了車是黃色的，於是文新豪判斷應該是強生公司的出租車！

　　他馬上打電話給強生出租車公司監管電話，把上車、下車地點，時間，行李箱特徵等情況報給他們，讓客人別著急，在等消息時先辦理入住手續。

　　經過兩個多小時的電話催促和焦急等待，終於在下午5點多在監管中心的幫助下找到了客人的行李。確認無誤後，文新豪答應付司機費用請他幫忙送過來，文新豪第一時間把這個好消息告訴客人，電話那頭傳來了客人驚喜和感謝的聲音。

第二節 ·

滿意加驚喜

一、服務期望

　　作為金鑰匙需要思考的問題在於如何使顧客達到滿意？其驚喜何來？滿意和驚喜的界限在哪裡？是否會存在過度服務的問題？為什麼會出現不滿意？如何實現滿意加驚喜的效果？解決這些問題的關鍵在於有效管理顧客的服務期望。

　　服務期望（Service Expectation），是指顧客心目中服務應達到和可以達到的水平。「服務期望」在某種意義上等同於「期望服務」。了解顧客對服務的期望對有效的服務效果管理是至關重要的。因為服務質量或者說服務效果的滿意程度是建立在顧客對服務實際的感受與自己的期望進行對比之後的結果。在不了解顧客期望的情況下：

　　如果顧客的期望高於服務者的實際標準，那麼，即使服務實際達到服務者的標準，顧客也不會滿意；如果顧客的期望低於服務者的標

準，那麼，服務者就可能因服務標準過高而浪費服務成本，或者進入極端的另一情況。

金鑰匙服務以「滿意加驚喜」作為服務標準和服務效果的指導，但日常工作中，並不是所有的金鑰匙服務都會有「滿意加驚喜」的效果。金鑰匙的日常工作有行李服務、問詢服務、快遞服務、接送服務、旅遊服務、訂房、訂餐、訂車、訂票等預訂服務，以及美容、看護等多項委託代辦業務。這些業務對金鑰匙來講，解決難度並不高，但依然會秉承「用心極致，滿意加驚喜」的理念去服務。顧客在享受服務的過程中大部分會表示滿意，一部分會有驚喜，也不排除不滿意甚至投訴的出現。

金鑰匙要在接觸顧客，提供服務之前，及時通過觀察、詢問、思考來發現顧客的服務期望，以及顧客的服務需求，然後按照服務資源，提供相應的服務。

二、服務期望的種類

據相關學者研究，顧客對服務的期望，或者說顧客期望的服務，按照期望水平的高低分，可以劃分為理想的服務、合格的服務和寬容的服務三類。其中，理想服務的期望水平比較高，合格服務的期望比較低，而寬容服務的期望介於二者之間。

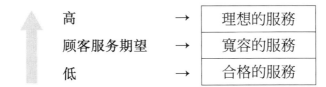

1. **理想的服務**（desired service），也稱「欲求服務」，是指顧客心目中嚮往和渴望追求的較高水平的服務。由於顧客心目中理想的服務是一種心理上的期望，希望服務能夠達到渴求的最佳水平。但最佳水平是沒有上限的，隨著不同顧客的情況而變化，因此理想的服務實際上有一個理想水平區，可稱為理想區間。其次，是服務的寬容區間和服務的合格區間。

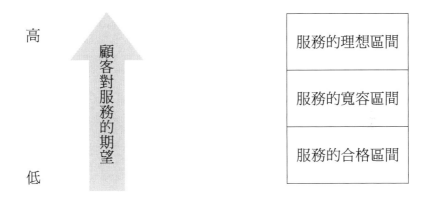

　　如果客戶感受到的服務落在寬容區間，顧客基本上會感到滿意；如果顧客感受到的服務水平達到寬容區間上緣，或者接近理想區間，就會感到很滿意；如果顧客感受到的服務水平，達到或者接近理想區

間上緣，那麼顧客就會感到驚喜了。

2. **合格的服務**（adequate service），指顧客能接受但要求比較一般，甚至較低的服務。例如，一般在麥當勞享受餐飲服務的投訴遠遠少於一些星級飯店，原因就在於顧客對星級飯店的期望比較高，是「理想的服務」，因此實現的難度相對大一些；而顧客對麥當勞這樣大眾化的快餐的期望值不高，是「合格的服務」，因此實現難度相對小一些。在中國的大排檔的投訴比例則更少了。

顧客心目中合格的服務可以被視為期望服務的最低要求。這種主觀要求的界限也是很模糊的，因此合格的服務實際上也有一個波動區間，可稱為服務的合格區間。如果顧客感受到的服務水平落在合格區間，顧客會以因為服務水平較低而感到不滿意，不過還能勉強容忍和接受。如果顧客感受到的服務水平落在合格區間的下方，那麼顧客會感到難以容忍，不能接受這樣低水平的服務。強烈的不滿足感導致他投訴或者以後不再接受這家機構的服務。

3. **寬容的服務**（tolerant service），是指顧客心目中介於理想服務與合格服務之間的服務。在顧客看來，這類服務雖然不那麼理想，但是比合格服務要好，是正常的、使人放心和不必去挑剔的服務。「寬容」的意思就是不挑剔和接受。因此，寬容的服務也可以稱為不挑剔的服務。

寬容服務的波動範圍，稱服務的寬容區間。寬容區間的上限是理想區間的下限，而寬容區間的下限是合格區間的上限。如果顧客感受到的服務水平落在寬容區間，那麼顧客會感受這是正常的，使人感到

滿意的服務，其質量也是達到標準的。

例如，一位乘客常乘坐公交車上班。一天他趕到車站的時候，一輛車剛開走。等了五分鐘後，他並不著急。五分鐘以內，是乘客認可的公交服務的理想區間，乘客可以從容上班；因為按照他的經驗，這條線路的公交車正常的間隔時間是五到十分鐘。但等了十分鐘之後，他有點著急了。這段時間，是乘客的服務寬容區間；不過，他想只要車能在十五分鐘內到，上班還來得及。五到十分鐘的時間，是乘客認為的服務合格區間；沒想到十五分鐘過去了，車還沒來。他心裡開始上火了，並與旁邊的乘客一起抱怨起來。這已經超出了乘客認可的服務合格區間即，不能耽誤上班的候車時間到了十七分鐘，他看還沒有公交車的影子，就招手叫了輛出租車。對這名乘客而言，超過十五分鐘就是不合格或者不能接受的服務。

金鑰匙在接送服務、訂車等方面也要充分了解這些顧客心理上對服務各方面（如等候時間、車輛擁擠度、車速等）的寬容區間、合格區間和理想區間，這對把握顧客「滿意加驚喜」的尺度是很有用的。

◆ 案例：

客人訂票本就是很平常的小事，在金鑰匙文新豪看來，小事也得當成大事來做。除了訂票之外，他會告訴客人從酒店走要提前多長時間，要不要訂出租車，還會幫客人留意目的地的天氣和溫度等，每次他誠懇的「囉唆」，都會讓客人倍感親切。他為了服務好客人，連附近的商店都成了他的「附帶服務設施」。譬如，幾次冒雨到修鞋的店幫客人修鞋、幫客人買到急用的藥，為

了特殊規格的快遞去超市買紙箱等，凡是他一路小跑著到店裡，老闆都會問一句：「你又用心做事來了？」因為一些購物是他別出心裁想出來的，不收客人的錢，附近的老闆總是會給他便宜一些，一則看這年輕人真是少有，二來他真的是老顧客！

4. 滿意加驚喜

作為金鑰匙在日常工作中，要通過觀察、交談和思考，盡量了解顧客心中理想的服務水平。理想的服務水平有時在顧客心理是潛在的、模糊的，甚至覺察不到，或者根本沒有意識到的，更不用說表達清楚。

金鑰匙應該學會猜測和判斷，精準定位顧客需要並主動給予啟發和滿足，這樣做往往回收到滿意加驚喜的效果。

◆ 案例：

一位常住日本東京酒店的法國大公司經理，為了業務經常往來於東京與大阪，他委託酒店的金鑰匙為其訂購往返的火車票。幾次之後，他發現，每次去大阪，座位總在右窗口，從大阪回東京，座位又總在左窗口。這位經理問金鑰匙原因，金鑰匙笑答道：「車去大阪時，富士山在你右邊；返回東京時，山又回到了你的左邊。我想，外國人都喜歡日本的富士山的壯麗景色，所以我就替你買了不同位置的車票。」法國經理聽完後大受感動。

對這位客戶來說，寬容服務甚至預期理想的服務（滿足其核心需求）是買到合適的車票按時乘車。超出其預期的理想服務，甚至客戶

還沒有意識到的服務需求（滿足邊緣需求）則是在不同的乘車方向上，需要不同的座位（能看到富士山的座位），途中欣賞富士山的壯麗景色。這是客戶潛意識中的、模糊的，也沒有明顯意識到。但由於我們的金鑰匙的極致用心，將客戶潛意識中的需求發掘出來，並給予滿足，取得了超越理想服務的效果，滿意加驚喜自然是水到渠成了。

第五章

在客人的驚喜中
找到富有的人生

人生觀，是關於人生目的、態度、價值和理想的根本觀點。它主要回答什麼是人生、人生的意義、怎樣實現人生的價值等問題。人生觀的形成是在人們實際生活過程中逐步產生和發展起來的，受人們世界觀、價值觀的制約。人生觀有很多種，有享樂主義、厭世主義、禁慾主義、樂觀主義、悲觀主義，還有我們從小就接受教育的共產主義人生觀。

　　「在客人的驚喜中找到富有的人生」這是中國金鑰匙的人生觀。這句話大致回答了金鑰匙的人生：金鑰匙人生的意義和如何實現人生的價值，進而構成了金鑰匙的服務信仰。問題在於，為什麼找到富有的人生要在客人的驚喜中，而不是滿意中？什麼是富有的人生，是物質和金錢上的？是經歷上的富有多？還是精神上的富有？

第一節 ·

客人的驚喜
與金鑰匙品牌

「在客人的驚喜中找到富有的人生」，意味著金鑰匙的人生價值實現，只能到客人的驚喜中尋找。我們不禁要問，金鑰匙的人生為什麼不在客人的滿意中，或者其他地方尋找？在客人的驚喜中有什麼？

我們在「用心極致，滿意加驚喜」一章，詳細論述了滿意加驚喜的效果來源於理想服務產生的效果。為什麼客戶會對金鑰匙有較高的理想服務的期待？

因為在客戶心目中有著對金鑰匙服務品牌的期待。他們認為金鑰匙是世界頂級的服務品牌，是品牌服務人，是解決難題的藝術大師。客戶們信賴金鑰匙能夠提供一種高質量的品牌服務。

品牌是什麼？商標、名稱給消費者留下的綜合印象？沒錯，但這只是品牌的外表，那麼品牌的內涵與核心是什麼？品牌強大的力

量來源又是什麼？

　　一般認為品牌（Brand）是一種識別標誌、一種精神象徵、一種價值理念，是品質優異的核心體現。本質上品牌是一種產品或識別標誌在消費者消費過程中內心體驗的感受。品牌的核心構成在哪裡？我們認真思考後就會知道，它不在產品或識別標誌上，而是在消費者心裡。產品及其提供者只是品牌構成的邊緣區和外在因素。

　　在客戶看來，金鑰匙是酒店服務的品牌，酒店金鑰匙對中外商務旅遊者而言，他們是酒店內外綜合服務的總代理，一個在旅途中可以信賴的人，一個充滿友誼的忠實朋友，一個解決麻煩和問題的人，一個個性化服務的專家。金鑰匙服務對高星級酒店而言，是管理水平和服務水平一種成熟的標誌，是在酒店具有高水平的設施、設備以及完善的操作流程基礎上，更高層次酒店經營管理和服務藝術的集中體現。

　　金鑰匙可以提供從接待客人訂房，安排車到機場、車站、碼頭接客人，根據客人的要求介紹各特色餐廳，並為其預訂座位，聯繫旅行社為客人安排好導遊，當客人需要購買禮品時幫助客人在地圖上標明各購物點等，最後當客人要離開時，在酒店裡幫助客人買好車、船、機票，並幫客人託運行李物品，如果客人需要的話，還可以訂好下一站的酒店，並與下一城市酒店的金鑰匙落實好客人所需的相應服務。

　　金鑰匙向客戶展示著「用心極致」，展現著「儘管不是無所不能，但是也是竭盡所能」，以及強烈的服務意識和奉獻精神。只要享受過或者了解了金鑰匙服務，在客戶的心目中就深深地留下了金鑰匙

的品牌服務的印象。

通常講，一個成熟完善的品牌包含很多要素，有扎實的產品品質作為基礎，有成功的傳播手段讓人熟知，有良好的社會形象為其背書等。但核心關鍵部分是品牌自身具有的吸引消費者的獨特魅力，消費者通過這個品牌可以獲得綜合而獨特的利益與體驗，其中有理性因素也有感性因素。

品牌核心價值的理性層面是以產品為基礎，帶給消費者的實際利益，也就是消費者願意用金錢、時間、風險等購買成本交換的一個問題解決方案。當消費者交易後從商品中獲得了預期的實質利益，就會產生對該品牌理性層面的認同，這就是一個品牌構成的物質基礎。但這還不足以使消費者忠誠，因為這一點大多數品牌都做得到，想要消費者對品牌高度認同並忠誠，就要向品牌的核心探索，即走入品牌奇妙的感性層面。

品牌感性層面是一個品牌最核心的部分，這裡發出的信號奇妙地影響著消費者的思想，使消費者產生高度的忠誠。這裡有消費者的歸屬感、價值認同、依賴等諸多感性因素，就像戀愛一樣，無法說清楚具體喜歡對方什麼，為什麼喜歡，也正因為這樣，品牌的核心價值才像空氣一樣，游離縹緲，讓競爭對手無法攻擊，無法效仿，而這樣一種無影無形的狀態卻可以牢牢抓住消費者的心智。如果說一個品牌的理性層面是「基」，那麼感性層面就是「本」，兩者相輔相成，互為協同。

品牌核心價值的構成是複雜的，包含文化、個性、歸屬、信賴等

諸多因素。一個優秀的品牌具備不可模仿性、持續性、包容性、價值感等，構成品牌核心價值的八項要素，結合金鑰匙品牌，我們作如下分析：

1. 個性

　　一個優秀的品牌必須具有高度的個性，是可以明確區別於其他任何品牌的個性，只有擁有這樣的品牌核心才具有了價值基礎，沒有個性的品牌只會被淹沒在品牌的汪洋大海之中。個性化的品牌塑造了消費者的歸屬感及與品牌之間無可替代的關係，讓消費者看到某個品牌後會認為這個產品及品牌就是為自己量身定做的，是自己需要的。具有高度差異與個性的品牌就等於給了目標消費者一個獨一無二的購買理由。

　　在這方面，金鑰匙服務要釐清與其他服務的區別，不能隨意拔高自己到「全心全意為人民服務」的境界，也不能通俗化到「某某式服務」，否則，會給金鑰匙服務品牌定位帶來模糊效果，弱化金鑰匙服務品牌的個性。

2. 一致性

　　這裡說的一致性是指品牌的承諾與事實要相符合，而不是僅僅停留在傳播層面，更要從品牌層面落實到產品層面、傳播層面，甚至是

管理層面。只有像這樣把統一的品牌核心承諾落實到每一個經營環節上，才能使品牌的核心價值變得真實並具有力量，消費者也才能由衷地認可。

金鑰匙品牌的保持與發展，也需要服務鏈的上下溝通和配合，需要管理部門的理解和支持，這樣才能將金鑰匙的品牌服務真正貫徹並實現。

3. 文化

一個品牌力量的強弱決定於其文化內涵，一個擁有文化的品牌就像一個有內涵、有深度、有故事的人，會奇妙地吸引他人的關注與興趣。好的品牌文化會讓品牌變得有思想，有生命力。文化是品牌核心的重要構成部分之一，但文化的建立卻也是非常難的，曾有文化專家總結說：「許多許多的歷史才可以培養一點點傳統，許多許多傳統才可以培養出一點點文化。」可見文化的可貴與難得，品牌的文化同樣如此。

金鑰匙文化起源並扎根於西方的宗教文化和工業文化，而中國的金鑰匙文化則無法像西方那樣紮根於宗教文化，中國的工業文化還遠遠未形成氣候。這無疑需要中國金鑰匙在文化上的創新，將西方的金鑰匙精神嫁接在中國幾千年的傳統文化上，棄其糟粕，取其精華，打通中西文化的脈絡，將西方的金鑰匙精神和中國具體的服務實踐相結合，創造出中國的金鑰匙文化。這無疑也是所有非西方國家的金鑰匙發展的必經之路。

4. 象徵

　　一個優秀的品牌要具有某種象徵性意義，消費者通過選擇某品牌的產品可以表達其思想或代表其形象。每個品牌都要有一個專屬的象徵意義，以便讓消費者對號入座，找到屬於自己的品牌。如著名香菸品牌萬寶路，其代表豪放不羈的牛仔形象，使品牌個性深深地感染著無數男性香菸消費者，激發了消費者內心最原始的衝動，一種作為男子漢的自豪感，因而萬寶路香菸深受煙民的推崇並用其作為展示男子漢氣概的一種工具。

　　金鑰匙品牌為兩把交叉的金鑰匙，來源於西方的「Concierge」，意為「鑰匙的保管人」，它象徵著平等的契約關係，蘊含著信任、契約和責任。

　　作為中國金鑰匙哲學研究，我們覺得兩把交叉的金鑰匙不僅是信任、契約和責任的內容，還包含著更豐富的意義。在中國，金鑰匙意味著能打開各種各樣的門的神奇工具。一把是打開顧客的心鎖，一把是打開品牌服務人自己的心鎖，兩把交叉才能打開極致服務的大道之門。

5. 使命

　　一個品牌存在的意義是什麼？可以為顧客及社會創造什麼價值？當一個品牌可以為顧客及社會創造出價值時，這個品牌即使不做廣告，也會被消費者所銘記。如微軟把品牌的使命定為讓世界每一台電腦都能使用他的操作系統，並由此改變人們的生活方式。而迪士尼則賦予了品牌為人類創造歡樂的使命，這讓其經歷了幾十年的社會變遷，同業紛紛倒下的情況下，依然蓬勃發展。因為人們需要它，社會需要它，只有被大家需要的品牌才能長久生存。品牌使命是品牌核心價值中超乎公利的一種重要因素，它不是口號，而是為顧客所能解決的實際問題。

　　段強先生指出：「工業化中期向後工業化社會轉型的發展階段，『中國服務』應成為中國的一個新形象、新品牌，並與『中國製造』一起影響世界。」雖說金鑰匙起源於西方，但是中國金鑰匙完全走出了自己特色，作為世界頂級服務品牌——中國金鑰匙無疑是可以成為「中國服務」品牌的龍頭，從而打造中國的服務文化，擔負服務文化從引進、創造到輸出，把中國打造成服務強國。

6. 信任

　　客戶對品牌的信任包含了各種感性因素，有產品功能可以達到甚至超過消費者預期時產生的信任感；有品牌遵守承諾產生的信任感；也有產品性能穩定帶來的信任感等。比如高品質的服務給使用者一種

很安全的感覺，用戶清楚，產品發生任何問題，這個品牌都敢於承擔，問題都能及時得到解決，也因此敢於放心購買。能讓消費者對品牌產生信任是件很不容易的事，但如果做作到了，基本等於擁有了顧客的忠誠。

7. 習慣

　　一個品牌做到極致時，不僅僅是銷售產品，而是為消費者創造一種生活方式或者是融入消費者的生活中、思想中。當我們有頭皮屑的時候會想到什麼產品？沒錯，海飛絲洗髮水。這個時候，海飛絲僅僅只是一個洗髮產品嗎？不是，它已經成為消費者生活方式中的一部分。當想到某個品牌就會習慣性地想到要做什麼，或做什麼時一定想到某個品牌，這時這個品牌就已經變成消費者生活中的一種習慣。

　　在這方面，金鑰匙服務品牌已經完全深入到了高端酒店客戶的心目之中。有困難找金鑰匙已經成為共識。

8. 一貫性

　　每一個品牌都有自己的品牌基因，如同生物體內的遺傳基因一樣，它是在經歷時代變遷、企業變革，甚至是市場發生顛覆性改變時都不能使一個品牌產生動搖的根本。可口可樂從創立至今已經有一百多個年頭，經歷了時代的變遷，市場的洗禮，不僅生存到今天並且品

牌價值居於世界品牌榜前列的主要原因就是其品牌基因發揮著巨大的作用，在任何風險與誘惑面前都沒有改變其品牌的核心內容，一直宣講的歡樂與美國精神深深植入了消費者的心中。

金鑰匙服務品牌自創建已經有八十多年（1929年始）的歷史，在國際上始終定位於極致服務市場，「雖然不是無所不能，但會竭盡所能」這個定位至今一直沒有絲毫的改變，使忠誠於他們的消費者認為，這些品牌一直在他們身邊。

以上八項要素構成了一個成熟完善的品牌核心，相互聯繫並產生合力。

中國金鑰匙服務的品牌建設將圍繞上述要素細緻做好每一個方面，以便打造出屬於中國的百年服務品牌。

第二節·
理想服務與
自我實現的需要

　　品牌是能夠給擁有者帶來溢價、產生增值的一種無形的資產，增值的源泉來自消費者心智中形成的關於其品牌整體的印象。這種增值既給品牌擁有者帶來更高的利潤，也給其帶來更大的挑戰和壓力。

　　客戶期待金鑰匙能夠提供較高水平的理想服務，金鑰匙們也希望能夠解決顧客難題，達到最佳的理想服務的水平。但這種理想服務的水平是沒有上限的，這給金鑰匙帶來的壓力也是日益增大。雖然金鑰匙們積極向上、熱愛本職工作，但是很多人認為工作中最困難最受挫的就是要面對持續不斷的壓力。「雙 D」顧客（雙 D，英文為Disrespectful & Demeaning, 意為不尊重服務人員、蔑視服務人員的顧客）更會嚴重傷害金鑰匙，但這也是金鑰匙必須面臨的現實問題之一。

一位金鑰匙曾說：「這種經歷與稻草人被鳥兒戳食了一整天後的感覺不相上下。不過，我也試著從客人的角度去看待這些問題。儘管我們不是在做風險很大的腦部手術，客人百分之九十九的要求也談不上是什麼生死攸關的大事，但是，我仍然堅信：工作帶來的巨大壓力不會徹底消除且不容等閒視之。」

相對於其他崗位，酒店金鑰匙需要面臨的壓力相對較多：站在酒店大堂這個舞台上，發揮著核心作用，處理沒完沒了的投訴，在極其有限的時間內完成大量工作。許多路過禮賓服務台的人會發現，金鑰匙接著兩個電話的同時還在接待三位或更多位顧客，對此人們會很驚詫：「他們是怎麼做到的呢？」

從崗位職責與工作要求描述是不可能在真正意義上描述金鑰匙所從事的工作。這個職業還包括了很多無形的東西，比如高度的可見性、聲望、個人權力感、各種業務關係和高度的滿足感。從表面上看，似乎成為金鑰匙的動機是利己的，但其最基本的動機實際上是基於想要去給予他人、滋養他人、服務他人，從而獲得良好的自我感覺的一種個人需求。幫助他人的激情是任何一位金鑰匙不可或缺的必備素質。

在《小生護駕》這部電影中，邁克爾‧福克斯扮演的角色遭到一位憤世嫉俗的客人當面質疑。客人說：「他依靠友善待人而得以謀生，這麼說他還是得到了一定回報的。」這位金鑰匙毫不遲疑地回答：「我並不是為了錢而去做這份工作。我的動力來自我的內心深處。」對於專業的金鑰匙，再也沒有比這更貼切的真

實感言了。[1]

人們不禁要問，是什麼樣的內在動機支撐著金鑰匙這樣做？是什麼樣的內心才有這樣積極的表現？

我們認為，這來源於金鑰匙對理想服務的追求和自我實現的需要。

著名的「人本主義心理學精神之父」馬斯洛在《動機與人格》一書中，提出了關於需要層次、自我實現、高峰體驗等重要的理論。馬斯洛把需求分成生理需要（Physiological needs）、安全需要（Safety needs）、愛和歸屬感（Love and belonging）、尊重（Esteem）和自我實現（Self-actualization）五類需要，依次由較低層次到較高層次排列。在自我實現需求之前還有認知和審美需求，自我實現之後，還有自我超越需求（Self-Transcendence needs），但在研究中大多數學者將自我超越合併至自我實現需要當中。晚年，馬斯洛對劃分幾個層次的需要理論作了進一步發展，即把人的需求整體分為「匱乏性需要」和「成長性需要」。「匱乏性需要」，即生理需要、安全需要、歸屬需要和尊重需要，這幾種需要的滿足在很大程度上依賴於他人和環境；「成長性需要」是指自我實現及自我超越的需要，這種需要能夠在相當程度上獨立於他人和環境，對物、他人和環境呈現一種超越和揚棄的狀態。馬斯洛又將「匱乏性需要」稱為「基本需要」，即人類的基本社會活動的動機的絕大部分是由「基本需要」構成。人的「基本需要」

1　霍莉・斯蒂爾，琳・艾文斯[美]・金鑰匙服務學[M]・王向寧等譯，北京：旅遊教育出版社，2012・12・

是一種「類本能」，是由人類遺傳先天性所決定的。「基本需要」的滿足則取決於後天的社會環境和社會歷史條件，它一般表現為人的日常慾望。在滿足效應上，「匱乏性需要」的滿足主要是維持人的正常生存，避免心理和生活疾病，「成長性需要」的滿足導致更加積極的健康狀態,它能夠使人更加全面的發展。

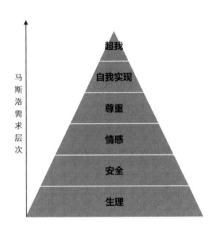

　　馬斯洛的需要理論認為，假如一個人同時缺乏食物、安全、愛和尊重，通常對食物的需求是最強烈的，其他需要則顯得不那麼重要。此時人的意識幾乎全被飢餓所占據，所有能量都被用來獲取食物。在這種極端情況下，人生的全部意義就是吃，其他什麼都不重要。只有當人從生理需要的控制下解放出來時，才可能出現更高級的、社會化程度更高的需要，如安全的需要。而自我實現的需要則是繼人的生理需要、安全需要、歸屬需要、尊重需要等基本需要滿足後，其優勢一般才會出現。馬斯洛說：「自我實現也許可以大致描述為充分利用和開發天資、能力、潛力等。這樣的人似乎在竭盡所能，使自己趨於完

美。」[2]

　　申請成為金鑰匙，一般來說該成員已經在人格的基本需要上已經有所滿足，有進一步自我實現的需要，有向自己的開發天資、能力、潛力等進行挑戰的需要。

　　國際金鑰匙會員申請資格的要求申請者必須有五年前台工作經歷，其中兩年是在委託代辦崗位上工作，要求有兩名成員引進方可。其他各國根據各自的國情附加不少有微小差別的條件，但在全球範圍內，會員資格標準普遍較高。這些都保證了入選會員在人格的生理需要、安全需要、歸屬需要、尊重需要等基本需要上已經得到滿足。申請成為金鑰匙則是向更高的人格需要進階和修練，尤其是自我實現的需要。

　　「人是一種不斷需要的動物，除了短暫的時間外，極少達到完全滿足的狀況，一個慾望滿足後，往往又會迅速地被另一個慾望所占據。人幾乎總是在希望什麼，這是貫穿人整個一生的特點。而人因需要所引發的行動都趨於成為整體的人格的一種表現形式，從中我們可以看出他的安全感、他的自尊、他的精力、他的智力等各種情況。」[3]

　　人作為價值性存在的生命體，人的人格需要和職業生涯設計關注的焦點中不能沒有目標。當人的人格需要和職業生涯焦點中失去目標時，人會陷入焦慮之中。而且對人來說某種需要一旦滿足，它對人的

2　馬斯洛[美]‧自我實現的人[M]‧許金聲、劉峰等譯，北京：生活.讀書.新知三聯書店，1987‧2‧
3　馬斯洛[美]‧馬斯洛的智慧[M]‧劉燁編譯，北京：中國電影出版社，2005‧27‧

行為就不再起積極的決定作用或者組織作用。所以，這種焦慮只能使人的人格焦點指向新需要，按照馬斯洛的觀點，這種新需要主要「自我實現」的需要，也被稱為「成長性需要」。馬斯洛認為：「即使所有這些需要都得到了滿足，我們仍然可以（如果並非總是）預期：新的不滿足和不安往往又將迅速地發展起來，除非個人正在從事著自己所適合干的事情。一位作曲家必須作曲，一位畫家必須繪畫，一位詩人必須寫詩，否則他始終都無法安靜。一個人能夠成為什麼，他就必須成為什麼，他必須忠實於他自己的本性。這一需要我們可以稱之為自我實現（self-actualization）的需要。」[4]自我實現在人本主義心理學理論中，主要指的是人對於自我發揮和自我完成（self-fulfillment）的慾望，也就是一種是人的潛力得以實現的傾向。這種傾向可以說是一個人在社會中不斷發現和培養自己的潛力，並因此越來越成為獨特的那個人，成為他所能夠成為的一切。自我實現的個性化的目的，使人「在滿足這一需要所採取的方式上，人與人是大不相同的。有的人可能想成為一位理想的母親，有的人可能想在體育上大顯身手，還有的人可能想通過繪畫或創造發明。在這一層次上，人與人之間的差異是非常大的。自我實現需要的共同之處在於，它們的明顯出現，通常要依賴於前面所說的生理、安全、愛和自尊需要的滿足。」[5]只有基本需要滿足了，人才能占有屬於自己的感覺、機能和潛能，並在此基礎上進一步全面發展自己的感覺、機能和潛能，以期成為自我實現的人。

4　馬斯洛[美]・動機與人格[M]・許金聲等譯，北京：中國人民大學出版社，2007・29・
5　馬斯洛[美]・動機與人格[M]・許金聲等譯，北京：中國人民大學出版社，2007・29・

馬斯洛對自我實現的人從臨床和實驗研究歸納為以下特徵[6]：

（1）對現實更有效的洞察力和更適意的關係。

（2）對自我、他人和自然的接受。

（3）行為的自然流露。

（4）以問題為中心。

（5）超然獨立的特性。

（6）意志自由：對於文化與環境的獨立性。

（7）欣賞的時時常新。

（8）神祕的高峰體驗：海洋感情（引用弗洛伊德的術語）。

（9）充滿社會感情。對人類懷有一種很深的認同、同情和愛的感情，具有幫助社會中他人的真誠願望。

（10）具有深刻與深厚的人際關係。

（11）民主的性格結構。

（12）善於區分手段與目的。

（13）富有哲理的、善意的幽默感。

（14）創造性。

（15）對文化適應性的抵抗。

（16）接受性的價值觀。

（17）行動中二分法的消解。

馬斯洛對自我實現者的特徵描述，大部分呈現在金鑰匙理念和他們服務藝術之中。例如，第（17）條中「行動中二分法的消解」，在

6　馬斯洛[美]・馬斯洛的智慧[M]・劉燁編譯，北京：中國電影出版社，2005・45・

自我實現者看來「這些二分已經解決，對立已經消失，許多過去認為是不可調和的東西合併和結合為統一體」，「自私與無私的二分消失了，因為他們每一個行動從根本上看既是利己又是利他」[7]，已經達到超我的境界。這正是「先利人後利己」中「高級利他」和「頂級利他」的經典註釋；再如自我實現者第（8）條特徵中「神祕的高峰體驗」，馬斯洛曾這樣描述一位職場婦女自我實現時的高峰體驗：「在這些時候，我明白我想要什麼，我很有把握，較少懷疑；我的工作效率變得高起來，能很快做出決定，很少含糊。我比任何其他時候都更清楚自己的要求和喜好。我不僅感到更有希望，而且更富有體諒精神和同情心。」[8]

著名金鑰匙作者霍莉在《金鑰匙服務學》中也描述了自我實現者提到的「神祕的高峰體驗：海洋感情」，並稱之為「在巔峰上衝浪」，「金鑰匙的確做到了，他們激情四射，充滿活力而且精神煥發。正如一位長跑運動員在比賽中達到巔峰狀態一樣，金鑰匙也處於這種『巔峰狀態』（雖然某些時候有些顧客奇怪的要求讓他們看上去也會有些失措）。金鑰匙喜歡這種面對混亂無序而又能有效掌控的感覺，那種泰然自若的心態猶如颶風的風眼一樣平靜。在壓力之下，力所能及地提供最好的服務，這就是金鑰匙所得到的最大滿足。」「如果將金鑰匙服務台一個典型的工作日描述為應付各種局面和困難的超負荷狀態，估計還是遠遠不夠的。把它比喻為衝浪應該比較恰當。專業的衝浪運動員迎接每一次波浪，在最洶湧的浪尖上保持平衡，然後成功

7　馬斯洛[美]．動機與人格[M]．許金聲等譯，北京：中國人民大學出版社，2007．209，210．
8　馬斯洛[美]．人的潛能和價值[M]．許金聲等譯，北京：華夏出版社，1987．180.

地滑向岸邊；接下來再將衝浪板划出浪區，迎接下一個挑戰性的波浪，一次又一次。這就是金鑰匙的生活，他們掌控著與顧客、同事、世界的一浪接一浪的交流互動。」[9]

霍莉進而指出：「處理棘手的事情對金鑰匙來說是令人興奮的。正是這種挑戰激勵著金鑰匙不斷前行：隔幾分鐘就轉換一個角色，記住最瑣碎的細節，表現出無所不能⋯⋯當面臨下一個挑戰時，金鑰匙總能想出解決辦法。對他們而言，不可能的事成為可能。他們工作的標準流程就是超越使命的召喚，所謂『不可能的事情』僅僅是需要多花費點兒時間而已⋯⋯如果金鑰匙僅僅是為了小費而工作，失望將成為他們生活的常態。因為這份工作高度個性化，真正重要的是個人的滿足感。幫助他人解決難題的機會，發揮創造性的自由，這才是真正的回報。除了極少數客人不能被滿足的要求，以及偶爾不合法或不友善的要求，絕大部分難題都通過冒險精神和堅定的意志得以解決。當金鑰匙千方百計為客人帶來不同尋常的結果時，他們自我實現的願望正好得以滿足。」[10]

正是自我實現的願望和需要，推動著金鑰匙用心極致，追求卓越的理想服務的境界，從而實現客人的滿意加驚喜。

9　霍莉·斯蒂爾，琳·艾文斯[美]·金鑰匙服務學[M]·王向寧等譯，北京：旅遊教育出版社，2012.14·

10　霍莉·斯蒂爾，琳·艾文斯[美]·金鑰匙服務學[M]·王向寧等譯，北京：旅遊教育出版社，2012.14·

找到富有
的人生

一、富有的本意

「在客人的驚喜中找到富有的人生」體現了金鑰匙哲學中的人生觀。我們需要界定什麼是富有的人生？是在金錢方面，還是精神上的富有？或者其他方面的富有？

從「富」字的本意來看，富是形容詞，從宀（miān），從 （fú），亦聲。從字形上理解：寶蓋頭寓意家，家庭；一橫，寓意安穩，穩定；口字則表示人員、人口，人口就是勞動力；田字則表示田地、土地。農業文明在中國歷史中占據很重要的地位，田地能生產糧食，糧食就是財產。所以，綜合起來推斷，富的根本含義是表示家庭穩定、人丁興旺和田地廣闊，而不僅僅是擁有金錢。

對金鑰匙來講，「富有的人生」是指通過不斷地服務客人獲得金

錢上的財富嗎？顯然不是。金鑰匙的基本薪酬比大多數酒店客人想像中的低得多。而且在早期，很多國家的金鑰匙只有小費沒有薪酬。即使在西方小費文化盛行的國家，小費收入加上薪酬收入可能會高一些，也沒有說哪個金鑰匙因多得小費而發財致富的。很多時候客人感謝金鑰匙是送小禮物，沒有任何感謝的情況也時有發生。想成為億萬富翁的人是不會加入金鑰匙的。

實際上，即使一個人有億萬資產，也不一定算真正的富有，因為財產可能一夜之間化為烏有，也可能在他面臨困厄時根本發揮不上作用。

> 某先生身價過億，有別墅住房多處，在國內外多家銀行有存款。然而那年去印尼旅遊遇上了大海嘯，僥倖脫險，但無法從當地出來，只能和難民們一起住救災帳篷，吃方便麵，甚至挨餓。回來後他徹底明白了，囤積再多的財產，關鍵時刻也可能一點用不上，從此他發願終生從事慈善公益事業。

即使在市場經濟中，金鑰匙的人生觀中富有的人生，至少不會是單獨指金錢的富有，而是指作為職業人在社會角色和精神的上穩定，事業和團隊組織的興旺，服務知識和技能的豐富以及人生經驗等多方面的擁有。

二、富有是人生命表現的完整狀態

從哲學生存論出發，人的富有是指人處於一種實現生命表現的完

整狀態。馬克思在論述自然界的社會的現實和人的自然科學的關係中什麼是富有的人及其特徵時，深刻指出：「我們看到，富有的人和人的豐富的需要代替了國民經濟學上的富有和貧困。富有的人同時就是需要有人的生命表現的完整性的人，在這樣的人的身上，他自己的實現作為內在必然性、作為需要而存在。」[11] 這裡「國民經濟學上的富有和貧困」是指金錢和貨幣財富的富有和貧困。「富有的人同時就是需要有人的生命表現的完整性的人」，那麼生命表現不完整的人則是窮人了，其批判的對像是在資本占主導的市場經濟條件下，人的生存和生命的表現是片面的、不完整的，人的勞動和工作是對人性的窄化、片面化和本質的缺失。

從「富」對應的反義詞「窮」也能看出這一點。窮，原字為「窮」，形聲字，從穴，躬聲。躬，身體，身在穴下，很窘困。簡化字為會意，彎身在穴內，力在穴下，有勁使不出。人都是有能力的，但身體和能力被限制在穴內，能力不能完全發揮出來，無法成為富有的生存狀態。穴是什麼？在古代，穴往往是古人躲避野獸、求得安全的地方，一般是比較狹窄的洞。如果人因為害怕而長期躲在穴內生存，其能力就會被限制在狹小的空間範圍之內，失去了發揮自己力量和能力的機會。在現代社會中，人們生活中已經不再面對野獸，面對的不安全因素主要是下崗失業，無法保證自己獲得物質生活材料。這種使人安全的古代的洞穴，已經逐步演變成了現代人們謀生的工作崗位，有了工作崗位，就可以謀生安身，避免飢餓，養家餬口，解決人們的匱乏性需要、基本需要。因為害怕失業，所以找到的工作未必是

---

11 《馬克思恩格斯文集》第 1 卷，北京：人民出版社，2009 年，第 194 頁.

個人喜歡的工作，人們也會上崗工作。在現有的社會中，我們所說的工作絕大部分是在分工條件下的勞動。從人類發展來講，分工是人類社會前進和生產力發展的必經之路，但是「只要人們還處在自然形成的社會中，就是說，只要特殊利益和共同利益之間還有分裂，也就是說，只要分工還不是出於自願，而是自然形成的，那麼人本身的活動對人來說就成為一種異己的、同他對立的力量，這種力量壓迫著人，而不是人駕馭著這種力量。」[12]人在這種分工中，所從事的工作多是被迫的而不是自願的，崗位工作的內容是大分工系統內的一部分，「當分工一出現之後，任何人都有自己一定的特殊的活動範圍，這個範圍是強加於他的，他不能超出這個範圍。」[13]每個分工的崗位都有崗位職責和工作流程、規範的要求。這樣勞動者的個人能力、全面性和整體性被工具化、狹窄化和片面化。在工業化的流水線上，勞動者像一顆無法自主的螺絲釘，其工作節奏要隨著流水線中機器的速度而變化，勞動者喪失了自己的全面性和主動性。

馬克思接著說：「不僅人的富有，而且人的貧困——在社會主義的前提下——同樣具有人的因而是社會的意義。貧困是被動的紐帶，他使人感覺到自己需要的最大財富是他人。因此，對象性的本質在我身上的統治，我的本質活動的感性爆發，是激情，從而激情在這裡成就了我的本質活動。」[14]

在馬克思對富有的人、人的富有和人的貧困的論述中，我們可以

---

12 馬克思，恩格斯[德]．德意志意識形態[M]．中央編譯局譯，北京：人民出版社，2003．29．
13 同上
14 《馬克思恩格斯文集》第 1 卷，北京：人民出版社，2009 年，第 195 頁.

看到以下幾層關係：

1. 富有的人是具有人的豐富的需要的。「對於一個飢腸轆轆的人來說並不存在著食物屬人的形式，而只存在著它作為食物的抽象的存在……憂心忡忡的窮人甚至對最美麗的景色都無動於衷；販賣礦石的商人只看到礦物的商業價值，而看不到礦物的美和特徵。」[15]低級需要都無法滿足的人，是無法擁有高級需要的。很多人終其一生就只停留在滿足生理需要、安全需要上，無法體驗社交需要、尊重需要，甚至更高級的自我實現和超越的需要。富有的人則是基本需要和成長需要都經歷並追求高級需要的人。金鑰匙追求卓越的服務標準和要求是人對高級需要的反映。

2. 富有的人是人的生命表現完整的而不是窄化和片面的人。在現實中，一個服務人員能夠認真按照崗位職責完成自己的工作職責，就是很不錯的員工了。但是，這種崗位職責因為是局部的制度化的，是整體服務系統中的分工。這種分工管理思路是工業化的思維模式，為了提高局部服務環節的服務效率，必然犧牲員工的某些服務能力，強化局部崗位的服務能力。這種管理方式在某種程度上，會提高整體的服務效率，但也必然限制或者說窄化了個人能力的超越性發揮，更不用說應付多種多樣、千奇百怪的客人的需求。這種生存狀態的人即是生存論上的窮人，仍是處於匱乏需要、基本需要支配的人，未能達到和滿足自我實現的需要。金鑰匙則是立足自己的崗位，但並不為崗位所限制，其服務能力和服務範圍在網絡化的時代，已經能夠覆蓋全球

---

15 馬克思[德]‧1844 經濟學-哲學手稿[M]‧劉丕坤譯，北京：人民出版社，1979‧79‧

每一個角落。金鑰匙通過這種全面化的完整的服務實現了自己生命表現的完整性。

3.「不僅人的富有，而且人的貧困——在社會主義的前提下——同樣具有人的、因而是社會的意義。」在馬克思的設想中，社會主義是完成了對私有財產的揚棄，即人占有財富、使用財富但不被財富占有。人的富有和貧困，本質上或真正意義上是體現人和人的社會關係的富有和貧困，是看人對社會貢獻多少的意義，而不是占有財富多少。以占有金錢貨幣為財富的人往往成為守財奴，例如莎士比亞所寫的《威尼斯商人》中的夏洛克，巴爾扎克小說《守財奴》中的葛朗台。有的人身價億萬，但是當他被財富所占有時，他不是富有的，用人們常用的話說：「他窮得只剩下錢了。」

4.「貧困是被動的紐帶，他使人感覺到自己需要的最大財富是他人。」這點在金鑰匙身上展現得尤為充分。被動的服務就是服務的貧困，是人本質上的貧困。金鑰匙服務本質上是積極主動的，是一種富有的生命的展現。金鑰匙所需要的最大的財富是客人（他人）。因為客人才能使金鑰匙的價值、能力、愛心，乃至生命的能量才有機會完整地展現出來。

5.「對象性的本質在我身上的統治，我的本質活動的感性爆發，是激情，從而激情在這裡成就了我的本質活動」。「對象性的本質」是指人的存在的本質方式是對象性的，即把自己的能力外化、付出到對象上，展現給世人的是勞動、付出或布施。真正富有的人的感性是豐富的，社會關係是富足的，其呈現爆發是創造的激情、付出的激情，而不是索取和占有的激情。我們提倡學習「全心全意為人民」的

榜樣雷鋒，還有「毫不利己，專門利人」的白求恩都是這方面的例證。在宗教裡，這種富有的感性爆發往往呈現一種大愛的行為。佛教提倡財布施、法布施和無畏布施，佛陀為了教化天下人離苦得樂而捨棄榮華富貴出走皇宮。

6. 所有這些富有的激情行為不是為了占有物質，而是作為富有的「人的生命表現的完整性的人，在這樣的人的身上，他自己的實現作為內在必然性、作為需要而存在。」不明就裡的人會認為無私付出和不計報酬的服務他人是一種瘋狂狀態，實際上這只是富有的人的內在必然的存在需要。很多金鑰匙的激情服務也是因為他自己的內在需要的必然性驅動，以及作為人的生命完整性豐富性的表現。

◆ 案例：

同事說文新豪是個「瘋子」，不知道疲倦不說，什麼樣的服務都敢應承！

5 月份，酒店接待一個外賓團，其中一位阿根廷的老太太腿腳不好，很想跟著去旅遊，又怕走不動沒人照顧。文新豪一打聽，旅行團次日要在上海市內一日遊，正好是他休息，他悄悄跟領導請示，由他推著酒店輪椅陪著老太太去觀光行嗎？前廳部經理擔心他體力吃不消，也擔心路上語言不通，照顧不好再引起客人投訴，幾種可能性都在幫他分析，但看見他渴望又堅定的眼神，經理最終放棄了勸說，只說：「你要隨時和酒店保持聯繫，有任何問題趕緊向組織匯報，不能自作主張讓客人受委屈！」文新豪得到命令就像打了強心劑一樣興奮起來，跑去向客人請願，老太太欣喜若狂。第二天一大早，文新豪就準備好輪椅，備好濕

巾和水，在大堂等待出發。整整一天，從玉佛寺到絲綢館，從東方明珠到外灘，從城隍廟到科技館，一路上不說累，不叫苦，送食遞水，無微不至，幾次老太太自豪地跟別人介紹：「This is my son！This is my son！」回到酒店，這個「瘋子」還買了夜宵送到老太太房間，幫忙把相機裡面的照片傳到老太太的網絡空間裡才心滿意足地離開。

文新豪說：「晚上睡得好不好，就要看白天做沒做讓客人高興的事兒。」

金鑰匙追求極致的服務，不是「瘋子」的行為，而是作為富有的人的對象性激情的爆發、愛心的爆發，是金鑰匙的本質活動，也是金鑰匙的信仰所在。

第六章

金鑰匙服務與
「中國服務」

第一節 ·

中國服務

「中國服務」這一概念近年引起社會廣泛關注，是在二〇一〇年九月二十八日北京國際飯店召開的首屆「中國服務」發展論壇上，由首旅集團的董事長段強先生正式提出。會議明確提出「中國服務」應為國家的新品牌、新戰略，而且旅遊業是最有可能、最有條件成為「中國服務」戰略的核心產業和先導產業，也是城市經濟發展方式轉變、推動產業結構優化升級最關鍵的現代服務業之一。

國家旅遊局副局長杜江在會議上指出，旅遊業應該在「中國服務」方面做出貢獻，並且也是最適宜、最可能創造出「中國服務」品牌的領域。《國務院關於加快發展旅遊業的意見》中提出「把旅遊業培育成國民經濟的戰略性支柱產業和人民群眾更加滿意的現代服務業」。其中，人民群眾對旅遊業是否滿意和在基本、總體滿意的基礎上是否能夠不斷地更加滿意，首要和最為關鍵的因素是旅遊的服務質量。《意見》還提出，要以遊客滿意度為基準，以人性化服務為方

向，以品牌化為導向，以標準化為手段，以信息化為主要途徑，提高旅遊服務水平；並強調，把提升文化內涵貫穿到吃住行遊購娛各環節和旅遊業發展全過程，集中力量塑造中國國家旅遊整體型象，提升文化軟實力。杜江繼續指出,要培育戰略性支柱產業，實現世界旅遊強國的目標，服務是基礎，是保障。服務是旅遊業的第一生產力，是旅遊業這個戰略性支柱產業的戰略和支柱。

段強董事長不僅經過長期醞釀，提出了研討「中國服務」的倡議，並把創造「中國服務」的品牌作為首旅集團的戰略和使命，並倡導這個品牌應成為所有旅遊企業的新使命。段強指出，首旅集團在「中國服務」品牌的培育上已經進行了一系列有價值的探索，一是堅持「品牌+資本」戰略，立足主業，拓展新業，構建複合型服務體系；二是抓住現代服務業發展機遇，立足優勢區位，順應消費趨勢，構建服務產業集群；三是按照「創新自主品牌，打造中國服務」的戰略構想，構建中國旅遊品牌體系。

這次論壇的意義在於，達成「中國服務」和「中國服務」從旅遊業開始的共識，將拓展到整個服務業的「中國服務」與「中國製造」共同構造為產業振興和中國騰飛的雙翼。

從二〇一〇年到二〇一五年，服務業占比較大的中國第三產業取得了較大的跨越。據國家統計局發布數據，二〇一五年中國第三產業增加值占國內生產總值的比重為 50.5%，比上年提高 2.4 個百分點，高於第二產業 10 個百分點。從二〇一〇年，第三產業占國內生產總值比重為 43%到第一次占國內生產總值過半，具有歷史性意義。在國家轉變增長方式、第二產業增速換擋之際，第三產業對經濟增長

發揮了穩定器作用，並成為穩就業的重要因素。但與發達國家第三產業占 GDP 的 70%水平以及世界 60%的平均水平相比，仍顯得較低，甚至低於發展中國家 55%的平均水平。其中原因仍是服務業的落後嚴重影響了中國經濟結構的合理化與高級化，看來，「中國服務」仍舊是任重道遠。

第二節 ·
親情服務模式

「中國服務」戰略在全國範圍的推廣和實施，應該有相應的具有中國特色的服務模式作為基礎。從這些年服務業的發展來看，國內的很多企業都在不斷地為此努力，探索自身有特色的服務模式，例如首旅集團的「建國模式」「如家模式」等。但是，這幾年在服務業聲名鵲起、最著名的當屬「海底撈」。

今天的海底撈，幾乎成了餐飲服務業的「教育基地」。在每天熙

來攘往的顧客中，有許多是老闆帶著員工來感受「這才叫作服務」；有的是偷偷來學藝，回去就準備山寨的；還有不少故意來考驗海底撈服務員心理承受能力到底好到什麼程度的餐飲同行。海底撈之所以聲名鵲起不在於其火鍋的口味有多麼獨特，而在於其服務的口碑。海底撈有很多人們耳熟能詳的服務案例，在網上的案例和點評隨便都可以搜索到，在此就不再一一列舉。

研究海底撈成功原因的文章連篇累牘，《海底撈你學不會》《海底撈你學得會》《海底撈撈什麼》《海底撈的經營哲學》等圖書也出版了若干本。有太多的文字在嘉獎海底撈的與眾不同，有太多的書籍標榜海底撈為正宗的中國式服務。我們的問題是，海底撈服務是否可以成為「中國服務」的代表？中國的服務業企業是否可以通過學習海底撈而打造「中國服務」？

一個管理創新論壇請海底撈老總張勇去講課，張勇認為口味並不是餐飲企業最重要的標準，創造卓越的服務也不複雜，「我們的管理很簡單，因為我們的員工都很簡單，受教育不多，年紀輕，家裡窮的農民工。只要我們把他們當人對待就行了。」

對，這就是海底撈最成功之處，就是把員工當家人待，即親情服務模式。

按說「善待員工」這個道理是管理的常識。余世維曾經講：「善待你的員工，他們才會善待你的顧客，善待你的顧客才能賺更多的錢。」但是這種管理常識為什麼在其他服務企業往往不容易做到呢？這仍舊是我國服務文化的問題。在我們的服務文化裡沒有骨子裡的平

等，骨子裡的等級意識在市場經濟大潮的衝擊下並沒有蕩滌掉。這也是一般企業對海底撈的企業文化「無法學得到」的根本原因。

在海底撈的服務出現時，實際類似的服務在一個行業已經存在很久了，雖發生在身邊，但我們往往視而不見。這個行業就是老年保健品行業。

老年保健品的推銷員對我們身邊的老人的關懷和服務，是無微不至的,也是「超級親情服務」的代表。他們會讓老人們參加免費體驗做保健，體驗保健儀器，藥浴泡腳，做按摩，參加郊區旅遊。大媽大叔、爺爺奶奶，叫的比自己家裡人還親，會陪老人嘮嗑，噓寒問暖，上門幫老人洗碗、拖地擦玻璃。一旦老人不來，會親自打電話詢問，聽說病了，還會買上水果去家裡慰問。儘管老人的兒女們會說，天下沒有免費的午餐，保健品不治病，只是心理安慰，這些人的目的是為了讓你買保健品，但這些都無法阻擋老人們排著隊去體驗免費的種種待遇，去領免費的雞蛋、大米和油，更無法阻擋老人們對保健品的購買狂潮。

這種大眾親情的關懷服務，說到底還是一種營銷手段。

這種「親情服務」的營銷手段的服務不是服務產品本身。我們從沒聽說，海底撈的免費擦鞋擦得多好，免費美甲手部護理水平多高等。海底撈的這些服務不是其核心產品，只是可有可無的邊緣服務。它的核心服務產品是火鍋。飲食文化的服務才應該是海底撈的本業。在本業上，我們並沒有看到海底撈超出同行企業多大距離。

如果再向前梳理國內的服務模式的歷史，我們會記得當年海爾的

服務模式。海爾開創的免費貼心的「五星服務」在戰略上是很成功的——買家電送免費服務。這種成功大大地提高了整個家電行業甚至社會的服務意識與水平，使家電業的服務進程加快了三到五年，並且形成了一大批的跟隨者或模仿者。然而，在海爾服務模式曾經成為家電業主流模式之後的今天，我們發現，家電業正在悄悄地進行著一場服務的「收費革命」。人們在網上或賣場買電器的時候，會發現電器邊上標明了一年服務多少錢，兩年服務多少錢，家電廠家們的「終身免費服務模式」基本終結了。

在西方發達國家，正常的消費者都有這樣的常識，即天下沒有免費的午餐，好的服務是要付費的。如果哪一個公司過分強調「免費服務」，那隻能說明它的產品不夠好。這才是真正服務的商業邏輯。中國家電行業免費服務模式在興盛一時之後，「中國特色」終於和「國際慣例」接軌了。

任正非前不久在華為的日本分公司開會的時候，講了一個案例。他說：「最近一個姑娘跟我講，她想給爸媽換一個新的洗衣機，他們那原來的洗衣機就是日本的，用了十幾年老不壞，但還想換個新的，怎麼辦呢？父母又不捨得丟，後來就把日本那個洗衣機專門用來洗被子呀什麼的，又換了個新洗衣機。她『恨』日本的質量怎麼老用不壞呢。我十多年前，也買了個日本松下洗衣機，松下愛妻牌，二十世紀八〇年代買的，我都換過兩三次房子了，這東西還不壞，如果華為的產品也是這樣的話，我們就不得了了。」

李克強總理在二〇一六年的政府工作報告中說，要鼓勵企業開展個性化定製、柔性化生產，培育精益求精的工匠精神。這種拒絕產品

後期維護的服務，甚至直接去掉後期補救性的邊緣服務，追求產品本身極致水平的服務精神，才是真正具備「工匠精神」的服務，是追求本業極致水平的服務。這種服務模式才是「中國服務」所要求的服務模式。

中國遊客到日本非常喜歡採購電飯煲、馬桶蓋、虎牌保溫杯、今治牌毛巾等。國內的很多企業不服氣，說我們產的馬桶蓋、電飯煲一點不比日本的差，但為什麼有抵制日貨情結的國人不買帳呢？

同樣是餐飲服務，被稱為「壽司之神」的日本小野二郎，終其一生，永遠以最高標準要求自己和學徒為顧客做到極致服務。為了服務好客人，他仔細觀察客人的用餐狀況，他會根據顧客的性別、用餐習慣，精心安排座位，時時關注客人的用餐情況做以微調，確保客人享受到極品美味。為了保護創造壽司的雙手，不工作時永遠戴著手套，連睡覺也不懈怠。他的壽司店「數寄屋橋次郎」遠近馳名，從食材、製作到入口瞬間，每個步驟都經過縝密計算。這間隱身東京辦公大樓地下室的小店面，曾連續兩年榮獲美食聖經《米其林指南》三顆星最高評鑑，被譽為值得花一輩子排隊等待的美味。小野二郎帶給饕客的，不僅是口腹上的滿足，更是心靈上的撼動和享受。

這種追求極致服務的精神在中國歷史上曾延綿不絕。如技藝精湛的魯班，「遊刃有餘」的庖丁，陶瓷祖師趙概，趙州橋的建造者李春，四大發明中的蔡倫和畢昇，故宮的設計建造家族「樣式雷」等，哪一個不是工匠精神的代表？他們追求極致的服務精神為人類文明發展都做出了巨大的歷史貢獻。

綜上所述，當前流行的親情式大眾服務模式，是一種很重要的企業管理和營銷方法。這種服務在國內大行其道，反映了我們社會的客戶需求、企業管理和服務管理普遍缺乏親情關懷。大眾親情服務模式的流行在一定範圍和一定時間內，對於提升我國服務水平，推動我國服務文化的發展是有一定幫助的，但是這種落後的服務文化不符合現代化服務業的發展。如果將這種階段性、局部性的大眾親情服務模式當作現代化服務業的發展趨勢，進而將此提升為「中國服務」的模式和終極目標，以致於走出國門則是不妥的。

「中國服務」應當既有中國傳統文化精髓中「工匠精神」的傳承與融合，又要有與國際接軌的創新模式。追求產品本身極致水平的服務精神，追求本業極致水平的服務模式，才是「中國服務」的目標和方向。

第三節 ·
金鑰匙服務
與「中國服務」

　　中國金鑰匙在中國服務領域一直默默耕耘，踐行著「我們不是無所不能，但一定竭盡所能」的金鑰匙服務精神，這種精神傳承和融合了中國傳統文化精髓中的「工匠精神」，又在引進國際服務品牌的基礎上不斷創新。「中國服務」是新概念，作為「中國服務」的服務模式一定產生在中國，但並不是產生在中國的服務就代表「中國服務」，判定某種服務模式是否符合或者稱之為「中國服務」，應該有一定的判定標準。

　　中國金鑰匙是中國服務模式的代表者、先行者和探索者，之所以這樣說，是因為他們在中國服務領域有理論、有實踐、有傳承、有創新。

一、有理論

　　「沒有革命的理論，就沒有革命的行動」，沒有理論指導的實踐是盲目的實踐，正確的理論才能指導實踐正確的發展方向。中國服務模式要有中國文化的服務理論支撐和指導。

　　中國金鑰匙組織是伴隨著改革開放而從國外引進的，但在引進國際金鑰匙組織時，因沒有自己的服務理論和服務理念，只好把國際金鑰匙的理念同時引進來，照貓畫虎地學習和執行。然而，由於歐洲金鑰匙有悠久的職業倫理和宗教精神做基礎，所以國外金鑰匙的理念很簡單，「心甘情願地服務，滿懷自豪地服務」，「金鑰匙會去做任何一件事情、能夠做到每一件事情，並且永遠不會說『不』」，「傳承友誼，用心服務」。這些國外理論和理念不能給中國金鑰匙提供足夠強大的理論支撐。作為中國金鑰匙組織的創始人孫東說：「開始我們認為是企業要求給高端客人提供金鑰匙服務，所以我們盡力去按企業領導要求，做好金鑰匙品牌服務。按金鑰匙品牌服務標準要求做了一段時間後，我們知道此委託代辦服務給客人提供了極大的方便，從客人臉上滿意加驚喜的笑容，我們開始體會到什麼是金鑰匙極致服務體驗的價值。」中國金鑰匙開始在實踐中思索總結自己的服務理念，構建自己的服務理論。隨著中國金鑰匙組織的網絡和規模蓬勃發展，許許多多金鑰匙優秀服務夥伴的案例積累越來越多，中國金鑰匙的服務理念開始越來越清晰。「先利人後利己」的價值觀，「用心極致，滿意加驚喜」的方法論和服務標準，以及「在顧客的驚喜中找到富有的人生」人生觀逐步形成，還有「我們不是無所不能，但一定竭盡所能」的服務精神。這些服務理念使中國金鑰匙形成了完全不同於國際金鑰

匙的理念，加上近些年的關注中國金鑰匙發展的研究者們的理論研究，中國金鑰匙的服務理論和服務哲學已初具雛形，這必將為中國服務的理論研究和發展奠定指導性基礎。

二、有實踐

從哲學角度來說，首先是實踐決定理論。實踐是理論的來源，是理論發展的根本動力、是理論的最終目的、是檢驗理論的唯一標準；其次，理論對實踐有能動的反作用。理論產生的最終目的是為了更好地指導實踐，科學的理論對實踐具有積極的指導作用。所以，理論必須和實踐相結合。二者相輔相成的，缺一不可的。「實踐是檢驗真理的唯一標準」，中國服務模式一定要有代表中國服務水平的實踐事件來檢驗相關的服務理論。

二〇〇八年二月，中國金鑰匙受到第二十九屆奧運會北京奧組委邀請，作為唯一服務品牌組織參與奧運會接待服務，這是百年奧運歷史上首次展現金鑰匙服務。魏小安在金鑰匙的奧運出征大會上說：「我們總覺得在服務方面我們好像有點落後。改革開放三十年，在服務方面，我們已經有了一批頂級的服務人員，也有了一些頂級的服務品牌。金鑰匙就是其中之一。所以借這個機會展示中國服務風采，體現中國服務的國際化水平。」這也是金鑰匙組織作為世界頂級服務品牌參與奧運會服務的首次突破，它標誌著中國金鑰匙作為「中國服務」的代表正式登上了歷史舞台。二〇一六年九月中國杭州 G20 峰會、二〇一七年在廈門金磚國家峰會，以及多屆博鰲亞洲論壇等大型

國際會議上，總能見到中國金鑰匙團隊為國際會議的貴賓們提供著各種極致服務，展現著中國服務的風采。

金鑰匙這一服務品牌自一九九五年正式引入中國以來，已經走過了二十多年的實踐之路。在二十多年的實踐中，中國金鑰匙理念從無到有，在實踐中產生，並得到檢驗和昇華，在中國服務業的快速發展中，中國金鑰匙理論與實踐做到了完美有機結合。二〇〇三年創建的金鑰匙國際聯盟，同時為酒店、物業和服務企業提供金鑰匙品牌、理念、標準及極致服務體驗；以金鑰匙服務品牌為紐帶，通過品牌加盟形式，幫助各加盟成員建立統一的高端服務品牌形象，提升加盟企業的服務品質和品牌形象，提升加盟企業的客戶價值。通過二十多年的發展，金鑰匙國際聯盟已經發展成為一個擁有四千多名會員（其中近 200 名國際禮賓會員），覆蓋二百九十個城市，二千四百多家高端服務企業加盟的中國的高端酒店・物業・服務聯盟，成為中國最龐大的服務協作網絡。

三、有傳承

沒有傳承就沒有創新。中國服務的產生和發展也需要傳承。

中國金鑰匙創建得益於改革開放的國內大環境，得益於國家政府、國際開明人士以及國際金鑰匙的幫助，其精神、理念和制度的建設，包括最早的人才培養都傳承於國際金鑰匙組織。但是，中國金鑰匙並沒有把自己限制在國外的服務文化和理念範圍之內，而是在實踐

中不斷尋找、挖掘中華傳統文化的精髓，將自身的服務理念與其融會貫通。儒家「義利合一」價值觀，道家「由技入道」的修練方式，追求極致的工匠精神，佛家「勇猛精進」，在中國金鑰匙的理論和實踐中都得到了有機傳承。在這種傳承中，中西服務文化得以碰撞交融，激發了各自的文化活力，為今後「中國服務」理論、實踐和文化的發展提供了無盡的精神源泉。

四、有創新

「中國服務」是近幾年才提出的新概念，從其提出到演繹發展，需要不斷地創新。沒有創新就沒有發展。作為具有幾千年歷史的中華民族自古就有極強的學習、包容和創新的能力，正是這種能力使中華文明雖飽經磨難，但仍生機勃勃延續至今。如同馬克思主義誕生於西方，在全球多個國家經歷了興起和衰落，唯在中國得到實踐的創新和發展，進而開創出具有中國特色的馬克思主義，成為全球發展中國家崛起的一面旗幟；再如佛教創立於印度（與尼泊爾交界附近），唯在傳入中國後得以中興和發展，並創立了具有中國特色的禪宗，直接影響了儒家心學的創新和發展，進而推動中華文明（佛教、儒家）廣播到亞洲國家。相反在印度，佛教已經衰落，並為印度教所取代。

雖說金鑰匙作為西方服務文化的代表，在進入中國初期，有些文化上水土不服，但是作為中國的金鑰匙是一批有激情有思想的年輕人，他們以極強的學習能力、實踐能力和包容心態，迅速成長起來。他們在實踐和學習中，很快洞察到服務的真諦，認識到人生就是服務

與被服務的過程，服務就是人生，人生就是服務；認識到社會的本質關係，工作、生活，乃至政府管理、宗教在一定程度上都是服務的關係，服務無處不在。中國未來的快速發展離不開中國服務的崛起和振興。中國金鑰匙在傳承西方的服務文化以及中國的傳統文化的基礎上，不斷創新，自成一家。在理論體系的邏輯性、完整性上已經超越了西方傳統的金鑰匙服務理論。伴隨著中國近些年的崛起，中國金鑰匙的發展速度和發展規模，也大大超出了西方金鑰匙的現狀，已經擁有了完整的獨立自主品牌和品牌經營管理經驗，擁有已經驗證的正確發展道路和商業模式，擁有覆蓋國內乃至全球的服務網絡系統。

我們將上面這四點的內容概括為中國服務的「四有標準」，判斷一種服務模式是否能夠代表「中國服務」走向世界，需要看其模式是否符合這「四有標準」。

在中國實施全球「一帶一路」的倡議下，中國金鑰匙規劃著自身的發展，他們認識到在移動網絡數字化時代，已經實現系統化和網絡化的中國金鑰匙服務必將迎來國際化的發展機會。中國金鑰匙將以「極致服務」的理念、哲學和實踐，把滿意加驚喜的客戶體驗推廣到世界每一個角落，引導「中國服務」理論和實踐，推動「中國服務」走向世界，影響世界服務的格局，為實現「推動人類命運共同體建設，共同創造人類的美好未來！」這一宏偉目標做出自己的貢獻。

第二部分

技法篇

第一章

服務精神

在中國，金鑰匙遠不是一個盡人皆知的職業，但作為一種服務精神的標誌，它的影響力已深深打上了中國服務的標籤。

金鑰匙來自歐洲酒店業，原意是「保管鑰匙的人」，當然也順便「替客人保管其他寄存的物品」。在歐洲酒店，客人的房門鑰匙不是寄放在前台，而是寄給金鑰匙保管的。即使今天，巴黎協和廣場對面的高級酒店——市政酒店，禮賓司仍然是「保管鑰匙的人」。

「保管鑰匙」意味著什麼？意味著可以託付身家，甚至性命，大凡缺乏誠信、擔當、奉獻、熱情者，都將絕難實現。因此，他們必須是一個具備服務精神、先利人後利己的群體。進一步說，它還意味著主動、徹底、完美、認真、貼心的服務——動用視覺、聽覺、味覺、嗅覺、觸覺等「五感」，乃至「第六感」（意識）去體會客人的要求，而不單單用耳朵——不是指路，而是引領客人抵達目標地點。如果說指路能讓客人滿意，那麼，引領客人就是在創造驚喜了。

服務精神的落實，不僅包括住宿客人，還包括每一位踏進酒店大門的人。金鑰匙及其酒店服務夥伴的工作目標，無一不是為使客人有一個舒適、溫馨的住宿體驗。不過金鑰匙職責的真正制高點並不在推介酒店服務設施、辦理旅行手續等業務，而是致力滿足客人提出的所有合法要求，絕不會說 NO：不是無所不能，但必竭盡所能。

當客人問金鑰匙：「今天是我妻子的生日，我想給她一個驚喜，你們有什麼好的主意嗎？」金鑰匙不會吃驚，而會根據以往經驗，輕車熟路地向客人提供一個或多個「令人驚喜的策劃」，讓客人選擇，並通過與同事協調配合，幫助客人實現夢想。

至於他具體要做哪些事，約翰‧尼亞里在《酒店禮賓服務》一書中這樣寫道：

　　在酒店禮賓服務台前，我們面對的客人各種各樣，我們面對的問題五花八門。我們不斷地詢問、嘗試、否定、回覆、要求、堅持、祈求、借用、借用更多、搜索、發現、探索、測試、打電話、接電話、尋找、查詢、審視、調查、閱讀、書寫、增加、削減、品嚐、照亮、熄滅、行走、奔跑、修理、維修、使用、建議、諮詢、警告、提倡、宣傳、勸告……

　　我們要提供：航班時刻表、航班座位、機場出口、飛機航班、火車、小汽車、豪華轎車、帶有電話的豪華轎車、帶有酒吧的豪華轎車、帶有一瓶香檳酒的豪華轎車、帶有一瓶香檳酒和一壺血腥瑪麗酒的豪華轎車、帶有一瓶香檳酒和大量啤酒的豪華轎車、歌劇票、靠近舞台的座位、遠離舞台的座位、遠離管絃樂隊的座位、靠近吧檯的座位、百老匯的演出門票、不在百老匯地區的演出門票、遠離百老匯地區的演出門票、洛杉磯的演出、熱門劇目、城外的公演劇目、動作劇、台詞不多的劇目、酒單很棒的餐廳、酒店附近的餐廳、法式餐廳、加利福尼亞烤肉餐廳、無紫色裝飾的餐廳……

　　我們為他們尋找：醫生、律師、二手車銷售員、大公司的總裁、國家總統、前總統、電影明星、昔日的電影明星、昔日的名人、將來的名人、當下的名人、法官、有犯罪前科的人、將來可能會犯罪的人、政客、參議員、國會議員、選舉人、錢不夠用的人、錢太多的人、超級富有的人、印第安人、日本人、馬扎爾人、捷克人、酋長、薩滿教僧人、度蜜月的人、二次蜜月旅行的人、離婚案的律師……

就是這樣，有時又不光是這樣。

◆ 1. 認領客人

　　午夜，忙碌一天的金鑰匙孫東剛剛睡下就被電話吵醒。電話來自白雲機場，一群剛剛下飛機的外國客人無人「認領」，又不會英語，只是不斷講「孫東」兩個音，無奈之下，他們只好求助早已認識的金鑰匙。白天鵝賓館沒有這批外賓的訂房記錄，但孫東沒有一拒了之，而是直奔機場。

　　孫東到了機場才知道，這是一群德國客人。於是，他又拉來懂德語的同事。原來，客人說的是「山東」，不是「孫東」。他們來自山東，本來已經訂好了廣州的旅行社，卻被漏接了。

　　孫東幫客人找到賓館，辦好入住手續，直到他們進房，才安心地回去。

　　時針指向凌晨三點。

◆ 2. 不可能完成的任務

　　一位泰國客人打電話到金鑰匙櫃檯說：「我想買兩千隻孔雀、四千隻鴕鳥。」

　　惡作劇嗎？金鑰匙不說「不」，也不願隨便說「對不起」，而且，他們知道世界之大無奇不有。確認客人需求後，金鑰匙立即行動。問動物園，那裡說只有幾隻而已。怎麼辦？小孫忽然想起幾年前看過的一個報導，說有一位青年辦起了動物養殖場。他迅速尋求同事幫助查詢資料、電話問詢，竟然找到了那家養殖場的地址和電話。在客人提出要求二十五分鐘之後，他們回覆了客

人的要求。

客人的驚喜可想而知。

◆ 3. 療傷高手

一對傷心夫婦來到金鑰匙櫃檯，說他們將傳家的珠寶落在剛剛離開的公交車座位上了。金鑰匙二話沒說，立即衝上一輛出租車，說跟上前邊的汽車。幾乎繞了大半個城市，終於上了汽車並幸運地拿回失物。當金鑰匙精疲力竭地回到酒店時，才知道這對夫婦並非住店客人。他們高興地接過失物，甚至連謝謝都沒說，就走了。

金鑰匙淡然一笑：「找回失物的滿足感，已經足以讓我感到自己很幸運、很幸福了。」

◆ 4. 沒有沙子的沙灘

一位客人想要在酒店前面的海灘上獨自觀看一部電影。滿足這個要求毫無問題。但是，客人不喜歡沙灘，所以叫金鑰匙把它用什麼方式遮蓋起來。這位金鑰匙靈機一動，派了一小隊人馬購買了整張地毯，並小心地在沙灘上鋪開。

◆ 5. 辦法總比困難多

一位客人要求金鑰匙立即派工程部人員到他的房間，將燃氣壁爐更換為木材壁爐。即便再有能耐的金鑰匙也無法滿足這個要求。不過，他向客人推薦了附近的一所宅院。不用說，那所宅院裡的木材壁爐熱情地迎接了它的新主顧。

◆ 6. 找錢包

一位客人將錢包遺失在酒店往返機場的轎車上，要求金鑰匙提供幫助。這位客人已踏上前往倫敦的旅途。湊巧的是，另一位客人正好搭乘下一趟航班前往同一目的地。這位金鑰匙安排第二位客人帶上錢包，並讓其在倫敦的金鑰匙同事到希斯羅機場領取。這位同事趕在客人到家之前將錢包送至客人住所，當客人邁進家門時，錢包已經在靜靜地等待她了。

◆ 7. 一頂帽子

一位客人正在為籌辦一場婚禮而瘋狂地尋找二十頂亞莫克便帽（一種男士戴的無邊便帽），因為負責攜帶便帽的人忘了這回事，而婚禮馬上要開始。像平常一樣快速思考後，金鑰匙給一個殯儀館打了電話，這個殯儀館恰好有這種帽子，並派人將帽子及時送來。婚禮如期舉行。

◆ 8. 收費是正當的

一位女士跟金鑰匙聊起一位房地產客戶曾向她提過一個要求，有些過分。她問：「當有人向你提出一個明顯不合常規的要求時，你會怎麼辦？」金鑰匙說：「只要所提的要求不違反法律和道德並且是善意的，我們都可以答應，但通常要收取額外費用。比如，坐在大西洋的遊艇上想吃比薩，而且比薩還要熱的，我們可以幫你買好，但是要付現錢。」

◆ 9. VIP

一家酒店來了一位客人，金鑰匙一眼認出他是著名的大提琴家，其他人則沒有注意。他趕緊通知總經理，避免了怠慢這位貴客的尷尬。

◆ 10. 建議

聊天中發現客人準備徒步遊覽城市時，而發現她穿著細跟高跟鞋。穿著這樣的鞋在市中心走走還行，但不適合她要去的地方，因為那裡都是石子路。金鑰匙把這個情況告訴客人。回來之後，客人非常感謝金鑰匙，因為這一趟出遊玩得不錯，還避免了崴腳的可能。

金鑰匙說：「如果天氣寒冷有風，我還會建議她帶上條圍巾。」

◆ 11. 成交

一家酒店住進一位著名電影導演。他帶了一個精美的鱷魚皮公文包。因為是劇組送給他的，所以對他來說非常有紀念意義。他想把公文包四角的鑲金鎖換成 18K 金鎖。金鑰匙打了多通電話後，終於找到一家能滿足客戶要求的珠寶店，而且只要一萬元。

交易順利完成。

◆ 12. 找零錢

一位外國客人手裡抓著一把硬幣，一臉迷惑地來到金鑰匙面

前。儘管兩人語言不通，這位金鑰匙還是想辦法把關鍵信息傳達給了客人，她耐心地整理那把零錢，把乘公交車所需的錢貼在卡片上，並按照從大到小的順序排列好。這樣，客人出去就可以自己找零錢了。

◆ 13. 報紙

一位客人要金鑰匙找 30 份德國法蘭克福的晨報，第二天早上 7 點早餐會要用。從網上打印的電子版不行，需要真正的報紙。外邊能找到的國外報紙都是一兩天前的，而且沒有那麼多。他必須趕快想出辦法。他打電話給德國漢莎航空公司駐當地的代表，這個代表又給法蘭克福一家酒店致電，第二天通過漢莎航班將 30 份報紙準時運送了過來。

◆ 14. 裁縫

一位新娘購買的禮服小了，過於貼身，她非常尷尬。可是所有來參加婚禮的客人都在等她，她只好深吸一口氣，走下了台階。突然，她禮服後面的拉鏈開了。她含著眼淚找到金鑰匙，希望他能找個解決辦法。金鑰匙安慰她讓她平靜下來，告訴她情況沒有那麼糟糕（其實他心裡很慌，因為當時是週日下午，婚紗店都不營業）。突然，他靈機一動：現在最需要的其實是裁縫！他馬上聯繫到一個裁縫，及時地修改新娘的禮服。婚禮順利進行。這次經歷給金鑰匙留下了深刻印象，用她的話說：衣服的號是對的，就是有點緊。

◆ 15. 麻煩嗎

一次，有位客人將昂貴的珠寶遺落在了酒店，金鑰匙出於善意、未經請示批准便飛往那位顧客所在的城市歸還了珠寶。

不幸的是，這件事牽涉到酒店的責任問題。最終，這位金鑰匙因為自己的好心受到了批評。這種行為確實有些魯莽。

◆ 16. 婚禮

三小時後，金鑰匙所在的酒店將要舉行一場大型正式的婚禮，突然她得到通知，酒店所在的區域全部停水，而且也不確定何時能恢復。她立即想辦法與市區另一邊的一家酒店取得了聯繫，租了幾輛小型貨車來搬運食物、用品和瓷器。在客人按原計畫抵達自己的酒店後，她立刻把他們送上公車送往新換的那家酒店。婚禮順利進行。這個故事給人們留下了深刻印象，並登上了當地的報紙。

◆ 17. 牛奶

一位流行歌星下榻酒店。他每天早餐一定要喝生牛奶，就是直接從奶牛身上擠出來的奶。為了滿足客人的需求，金鑰匙每天半夜去到離市區幾小時車程的農場，第二天早晨及時返回酒店，趕上客人的早餐時間。他甚至還穿著工作服親自擠過奶，還跟奶農做了個交易，用酒店免費住宿一夜來換取免費牛奶。客人分文未花。

◆ 18. 規則守護者

　　一位金鑰匙接到一個客人要託運的箱子，上面寫著「紀念品」的字樣。金鑰匙打開箱子檢查內裝物品時，發現了毛巾、浴袍、煙灰缸等屬於酒店房間的物品。他把這些酒店的財產拿出來後，將箱子寄走。結果，箱子中僅剩兩件 T 恤和一張便條。金鑰匙在便條上禮貌地解釋了酒店關於客房用品的管理規定。

◆ 19. 寄食品

　　一位客人交給金鑰匙一箱玻璃瓶裝沙司醬，讓金鑰匙寄到澳大利亞。金鑰匙禮貌地向客人解釋，需要先打電話給航空貨運公司了解向海外郵寄食品的規定。客人很生氣，堅持聲稱其他酒店一直都可以郵寄食品。她跟她丈夫吵個不停，從沙司醬到郵寄再到金鑰匙和酒店，所有的一切都讓他們不滿。他們沒有耐心等待確切的答覆，這讓人很不舒服，但金鑰匙知道，在了解清楚相關規定之前，金鑰匙絕對不能郵寄這個包裹。

◆ 20. 竭盡所能

　　金鑰匙會去做任何一件能做到的事，永遠不會說不。當然，不是所有的要求都能夠得到滿足。有些餐廳在八點鐘時確實預訂滿員，有些演出確實票已售罄。但是，有奉獻精神的金鑰匙一定會竭盡所能，並總是能夠提供備選方案。金鑰匙能夠做所有事情，除了極少的例外……

◆ 21. 給我攔下飛機

　　一位美籍男子快步走向前台。他臉色發白，眼角掛著淚花。金鑰匙想：一定發生了什麼事。男子向我喊道：給我攔下飛機。金鑰匙待他冷靜片刻，用沉穩的語調問：「我可以為您做些什麼呢？」男子緊張的神情略微緩和些，答道：「父親病危了，我必須立馬回家。」

　　此時距飛機起飛僅剩一小時。

　　三位行李生注意到前台有異常情況，投來關注的目光。金鑰匙立即請客人回房換衣服，然後指示三位行李生隨客人上樓幫助打包行李。三位同事確認還有其他兩位同事原地待命，快速走向客人所在的房間。

　　金鑰匙走向迎賓員，向他們說：「客人有急事，必須立馬前往機場，請為客人叫輛出租車備著。」

　　金鑰匙走到前台，對前台職員說：「請為剛才的顧客辦理退房手續，並開具收據。」

　　十分鐘後，拖著行李的行李生與那位客人快速從金鑰匙眼前掠過。他辦完退房手續，立即坐進迎賓員備好的出租車，直奔機場。

　　在此之前，金鑰匙與機場人員交涉。機場人員對金鑰匙表示：「由於距飛機起飛時間不到一小時，非常抱歉，無法幫忙。」金鑰匙說：「請您想想辦法，無論如何今天也要出發。」在持續十五分鐘交涉之後，機場方最後以「竭盡全力幫忙」結束了談話。

　　最後，飛機起飛時間延遲了二十三分鐘，客人順利坐上飛機。

◆ 22. 成全一對新人

　　一位年齡三十歲左右的男子在接待處向一位女金鑰匙求援。

　　「你可以從女性的立場幫我分析分析嗎？我特別喜歡一個姑娘，想向她求婚。不過，她要我每月送她一萬元的奢侈品作為禮物，可我每月收入只有九千元，滿足她要求的話，我在經濟上就會十分拮据。」

　　此時，女金鑰匙腦海裡浮現出兩個判斷：一，女方為拒絕他求婚而找藉口刁難他。二，女方在考驗他是否真心——也許這女孩子曾經經歷失戀的痛苦，以致於對所有男人都不再信任，因此，故意提出苛刻的條件，考驗他是不是真心喜歡自己。

　　他此時現身酒店，目的就是為了滿足心愛姑娘的一個願望。她要在這家五星級酒店的套房，跟他一同品味法國料理，並希望在套房的床上擺放一百朵玫瑰和含羞草。

　　顯然，滿足姑娘的願望，不僅僅是男生的要求，也自然成為金鑰匙不可推卸的責任。

　　為使客人有一個完美愉快的住店體驗，金鑰匙乃至每一位服務生都須立志竭盡全力滿足客人盡量多的要求。為此，我們不僅僅要明白客人已經說出來的意思（動用聽覺），還要動用視覺、味覺、嗅覺、觸覺等「五感」來揣測客人話裡的潛台詞（沒有表達出來的意思）。

　　女金鑰匙決定，站在姑娘的立場上，助這位男生一臂之力。為什麼？她有一個推理：如果姑娘討厭這個男生，絕不可能同意在酒店套房裡共同進餐。因此，她確信自己的安排將增進兩人關係的進一步發展。

不過接下來，她將面臨一個嚴重的現實問題：客人預付金只有七千元，而這個數字只夠套房費用。這就意味著套房里根本不可能有什麼法國料理、玫瑰花、含羞草。

如何滿足客人的要求呢？金鑰匙做了最大程度上的內部爭取。總之，姑娘答應了男生的求婚，並決定與他白頭偕老。事後，姑娘向男生問清了原委，第二天特意來到酒店向金鑰匙們展示了求婚戒指。

原來，這位姑娘的確有過痛苦的失戀經歷，並對男性不再信任，而套房裡的晚餐、玫瑰花以及含羞草，都只是為考驗這位男生是否真心而設下的道具。

有幸見證了兩位新人的幸福，女金鑰匙內心無比歡喜。

◆ 23. 冰樹溫心

一位年輕男子匆匆走來。手裡捧著一棵水晶玻璃製成的聖誕樹，對金鑰匙說：「我想要一個同樣造型的，冰質的小型聖誕樹。」他很認真地說，「在我們用完聖誕大餐，一起品茶時，冰樹出現，戒指就藏在冰樹中，漸漸融化，然後……」他從背包中拿出蒂芙尼鑽戒，用一種極度不安的表情看著金鑰匙，意思似說：能不能幫我？

金鑰匙微笑著答道：「沒問題！」男子高興起來，辦理了寄存鑽戒的手續，道謝離去。

看著男子遠去的背影，金鑰匙陷入沉思：我該如何完美地滿足客人的要求呢？

冰質聖誕樹不難，交給廚房的冰雕師就好了。問題是戒指呈

現這一環節。如何做到「恰到好處」？鑽戒放在冰樹的哪個部位？冰樹放在房間的哪個位置？房間的溫度控制在多少度？等。

聖誕夜終於來臨了。酒店大堂、每一樓層連同餐廳，都布置了精心設計的聖誕樹。

為確保「滿意加驚喜」的效果，副總廚師長親自操刀製作冰樹，以確保新人無法從冰樹外面看到鑽戒。他還安排提前調好室內溫度，並依此精確計算出冰塊厚度與融化時間之間的關係。餐廳服務生也密切留意時間，唯恐因太快太慢而不能「恰到好處」。

餐廳精心為他們準備了四重奏鋼琴演奏，並按「計畫」結束了二人盛宴。他們開始安靜地品茶。大約在進入餐廳之後的一百二十分鐘整，四重奏音樂響起，鑽戒從漸漸融化的冰樹中躍然呈現。至於求婚會怎樣，只能上天保佑了。

數月之後的一天，金鑰匙注意到在酒店門口有位男子一直望著這邊。正是那位鑽戒求婚男。他們相互點頭示意。這時，他身後的女子也點頭示意，正是他的女朋友。看來，他成功了，因為姑娘的無名指上帶著冰樹呈現的那顆蒂芙尼鑽戒。

不對客人說「NO」是服務業一般常識，不限酒店。這個常識也不限金鑰匙，而對應於所有的服務夥伴。

很多人糾結於這個「NO」，會質疑：客人說什麼都對嗎？違法的事也要做嗎？多數行外人士更有誤解，覺得這是奴隸哲學的標籤。

金鑰匙認為，這時的「YES」或「NO」，意思不在「認同」或「不認同」客人所陳述的事項，而在對客人所陳述的事項表示我「知道

了」、「我接受」。不說「NO」，就是不能說「我沒聽到」、「我沒聽懂」或「我不聽」，以此拒絕。所以，這時的「YES」或「NO」是心態，是態度。心態決定態度，態度決定一切。這時，「YES」是一扇門，意味著接受客人的請求，「NO」是一堵牆，不僅拒絕了客人的請求，也等於拒絕了客人的一切。

只有進了門，才有進一步說話的空間。至於做不做、如何做等，是第二步的功課。

因此，無論遇到怎樣的要求，傾耳聆聽，充分理解客人的心情，是第一要務。不要一開始就先入為主地判斷「難以辦到」，「不可能」，而應先接受，並竭盡全力為之。

這是「不說 NO」的真正含義。

◆ 24. 竭盡所能

客人會提出什麼要求？五花八門，令人吃驚不已。有位客人跟金鑰匙商量：「我想進廈門建發公司，怎麼辦才好呢？」金鑰匙會怎麼回答？當然不會說不知道，而是給建發公司人力資源部打電話諮詢是否缺人手，哪個方向的等。然後，建議客人寫份怎樣的簡歷，並去建發公司面試。事後呢？客人常常會來電致謝。有鐵桿足球粉絲問金鑰匙：「昨天的比賽為什麼就輸了呢？你給我分析分析。」金鑰匙當然不會說不知道，而會向報社體育欄目朋友打電話諮詢，然後回覆客人。客人的眼睛睜得很大：「這都能做到？！」外出迷路的客人求援：「你能告訴我，我現在在哪個位置嗎？」金鑰匙會耐心詢問客人所在地的標誌性建築，然後對著一一說明，必要時還會發一

個電子定位圖。

　　一天，一位客人指著窗外，對金鑰匙說：「那裡有架飛機在飛，你看，看到了嗎？」

　　金鑰匙湊近窗戶看，客人繼續說道：「啊，飛過去了，我想買那架飛機……」金鑰匙笑了笑。飛機，不是塞斯納飛機或者滑翔機，而是窗外飛過的那種大型噴氣客機。也許這位客人是在考驗我的耐心吧？不過，這想法一閃而過，金鑰匙馬上在內心糾正了它：客人有可能是認真的。心態一轉，態度為之改變，他答道：「真是太棒了！如果您方便，我給您查一查那是哪家航空公司的飛機。」接下來，他根據飛機經過的時間進行了預判，再向機場確認，很快弄清這架飛機是美國波音 747LR 型客機，主要飛國際航線。

　　接下來，金鑰匙直接撥打了波音公司的電話：「我的一位客人想買貴公司的波音 747LR 型客機，請問，我應該怎麼做，來幫我的客人實現願望呢？」波音公司的工作人員聽完諮詢，起初大吃一驚，稍候鎮定下來，告知金鑰匙，波音公司營業人員請求介紹雙方面談。

　　這位客人是真心想買波音 747LR 型客機。不過，個人購買噴氣式飛機需要很多的條件，如必要的停機坪、飛機駕駛許可證，還有飛機起降要繳納稅金等。最後，雙方的談判無果而終。客人離開酒店時，無奈地對金鑰匙說：「我倒是有買飛機的錢，但是……真遺憾。」

　　金鑰匙心中生起一片茶後的回甘：如果最初說了「NO」——「真的假的啊」，「開玩笑吧」，「請不要為難我們

啊」,「十分抱歉,我們無能為力」種種,就不僅僅是拒絕了客人的請求,也相當於拒絕了客人的一切。

能否做到讓客人滿意,必須在做了之後。在這裡,千方百計尋找替代方案,是歷久彌新的服務選擇。當然,我們將竭盡所能,但不是無所不能,也可能最後的努力都失敗了。這時,我們不妨老老實實、誠心誠意地向客人解釋清楚。無論哪一種情況,都要去做──面對它,理解它,處理它,放下它。

酒店就好比舞台,只要從後台背景中踏出一步,便進入了演出環節。這時,台下準備的功夫就非常關鍵,否則一定砸場。

◆ 25. 替代方案

一位先生急匆匆向前台走來。金鑰匙從男子嚴肅的表情中猜到肯定發生了什麼棘手的事情。此時,最關鍵的是讓自己鎮定。他傾身向前,收緊下腹,沉著地詢問道:「您有什麼事嗎?」客人聲音超高且急促:「名片丟了,能幫我找一找嗎?」適才,他在酒店裡舉辦了一個小型商務會議,在沒有互加微信的情況下,這張關係著多達數百億元交易的名片,無疑彌足珍貴。客人說:「等我發覺的時候,名片就找不見了,現在根本聯繫不到對方。」

金鑰匙說:「請您給我們一點時間。」然後,立即請同事分頭在客人經過的所有地方地毯式尋找,包括會議室、前台及其周邊、洗手間等。很快,大家回報:沒有發現。金鑰匙甚至去了垃圾收集場,仍一無所獲。之後幾天裡,他們仍不放棄搜尋,依然沒有。

放棄嗎？不，必須做點什麼！

回到原點：客人的期待是與生意夥伴取得聯繫，名片僅僅是聯繫工具。轉而，金鑰匙開始通過各種途徑尋訪那位商家。他們向客人了解商家的情況，尋找一同參加商務會議的其他人，向在場的酒店服務生了解情況。最終，他們找到了目標商家。

客人向商家表示道歉，並講了事情的來龍去脈。商家視為美談，而最終他們成功交易，皆大歡喜。

古人講，孝敬父母有一關，叫「色難」──臉色難看，哪怕稍有不遜都不可以。酒店電話服務亦然。有時，即使不開口，「NO」的語氣也會寫在臉上。那麼，語氣如何上臉呢？關鍵在心態。心裡不說「NO」（心態），臉上就沒「NO」（態度）。

酒店電話服務常常沒有「死而復生」的機會，過了就過了，因此語氣服務至關重要。

或許在平時，服務生都能靜靜聆聽，處處為客人著想，但若不經嚴格的專門訓練，一旦應急，語感中就可能釋放出「NO」的氣氛，而自己毫無感覺。或即使因此而遭遇客人投訴，也往往找不到證據說員工處理不當，最後往往上下同聲地認為「客人無理」。其實更多時候，客人是會感受到的，因為他比我們更關心這個問題。人在關心的時候最敏感。

對應敏感，我們需要主動、迅速反應。主動、迅速乃服務精神的體現。同時，這也應該成為我們的思維方式。

◆ 26. 知「難」而退

　　一位常客電話打到禮賓司，金鑰匙接起話筒，問好、報上崗位名，問：「請問我能幫您做些什麼嗎？」客人說：「能不能幫我找一家曾在最近一期旅行雜誌上看到過的餐館……」

　　金鑰匙回答問題所依據的，是客人在電話中提供的線索，然後順藤摸瓜。不巧，這位客人完全不記得這家餐館的名號、地點、雜誌的具體名稱或發行日期等。金鑰匙心中難免湧起一團困惑：這樣的話，怎麼查得到啊。話沒出口，但客人還是覺察到了金鑰匙的躊躇，或一種不耐煩，很快表示：「那就算了。」便掛斷電話，連金鑰匙致歉的話都沒等。之後，再也沒光顧酒店了。

　　這事沒外人知道，但金鑰匙畢竟是金鑰匙，他陷入反省：一定是自己的態度，造成了客人的不滿。他開始捋自己的問題：當時不應該躊躇，讓客人誤解為不耐煩，而應馬上說「好的，我了解了」。這種主動、迅速反應的精神，才是服務精神。

　　「由於我的主動激發，客人腦海中可能會浮現出更多的蛛絲馬跡，譬如這家店是意大利餐、中餐或日本料理，還有可能記得起菜單的內容。這不就有線索了嗎？

　　接下來，我還可以幫助客人回想雜誌的內容，是旅遊信息類的雜誌嗎？那刊登的內容應該有菜單，或地址以及聯繫方式。再來，我還可以向客人詢問雜誌的大小以及厚薄。即使記不清雜誌的發刊日期，但翻看雜誌時大體的季節是應該清楚的，夏季還是冬季？從這些信息中，我一定能在某種程度上框定雜誌的範圍。當然，我平日裡有必要關注雜誌類型。

　　在向客人了解了大致情況後，我還應向客人抱歉地說：『先

生，我還不能立即回答您，給我一點時間好嗎？』當天下班，我可以去書刊雜誌店看一看，並在途中向客人打電話報告看到的情況，或能誠心誠意地對客人說：『我看了這些雜誌，還沒有找到準確信息，能再給我點時間嗎？』同時，我還可以叮囑客人：『有任何線索，即使微不足道，也請盡快聯繫我。』」

「我相信，當我用心做到了這些時，即使最終沒有找到那家餐館，客人也會理解。現在的問題是我沒做到——是我的問題。」這就是金鑰匙！

全域服務是酒店賴以生存的根本原則。或許每一個行業都應如此，但能完全貫徹的，當以酒店業為最。全域服務包括時間與空間兩個維度。其空間維度即指酒店全體員工均需經三週（21 天）的基礎服務常識培訓、三個月（90 天）的試用期養成，初步形成理念與步調一致，人與人、崗與崗、部門與部門之間配合密切，體系化了的服務接待力，以同步滿足客人的需求。其時間維度則如會員制酒店或俱樂部所強調的「一日入會、永久貴賓」的終生服務理念，它不同於一般酒店思維之處，在於後者認為客我交集有時「一生只此一次」，酒店不過是客人生命旅程的一個中轉站，前者更關乎「一次即是一生」的追求。

金鑰匙服務是全域服務的一個精神標竿，而服務精神之重要，則不僅限於酒店業，一切服務行業乃至所有行業都適用。

◆ 27. 招聘會上的爭執

在配合人力資源部參加員工招聘的活動中，人力資源專員與金鑰匙發生了爭執。

人力資源專員強調：「按酒店招聘規則，不會講英語，不會使用電腦者，不應錄用。」金鑰匙代表則堅持：「如果應聘人員具備主動意識、服務精神和良好的價值觀，不妨允許他入職之後自學。」他說：「我以自己的人格和經驗擔保，自覺性高的人若在現場發現，為客人提供服務時要講英語，或必須要會電腦，一定會主動學習，並在短時間內迎頭趕上。反之，再怎麼精通英語，或者計算機操作水平再怎麼高，若不具備主動意識和良好的服務精神，終將沒有機會發揮英語和計算機操作能力。因此，我建議服務心理測試的結果應優先考慮。」

　　爭執很快升級到招聘規則是否需要調整。作為後台崗位，人力資源部堅守招聘規則是正確的，但如果站到服務結果的立場上，招聘的目的是什麼？創造令客人滿意的服務啊！既然如此，固執己見就大可不必——即使某些操作技能、技巧尚不高明，若能以良好服務精神「哄」好客人，受客人喜歡，何樂而不為呢？

　　很快，人力資源專員與金鑰匙代表達成共識：招聘的關鍵，是看人有沒有一顆為客人設身處地著想的心，並能自自然然地向客人表達出來——溝通力強。同時，酒店當局決定每年進行兩次員工服務水準測試，一次筆頭，一次口頭，以把握大家對服務精神的理解。

服務精神需培育，培育之法有三要：用心照物，以心傳心；三人行必有我師；永不言棄。這三個要點可以作為座右銘。座右銘在人生旅程中發揮著十分重要的指南作用。

從事服務業的人都有一個體會：手頭上的事永遠做不完，做不完

的事都一個模樣。久而久之即生厭倦、怠惰乃至馬虎。因此，須先樹立一個天職意識——上天生我就是為了服務顧客的，做好服務需要承受一定的磨煉，並嘗試掌握一些諸如冥想、靜坐的修心法門：用心照物，以心傳心。用心照物，則能愛屋及烏，你所見的一切就都會有溫度。譬如一株蒲公英，沒用心時，它的形象大多是冷而單調的，而你試著用心照物時，腦海中就會浮現出另一樣畫面：在溫暖舒適的春日裡，蒲公英盡情開放。之後，你用彩色鉛筆在紙上勾勒出腦海中的畫面，它就有了溫度。再譬如感覺近幾天心里長了草，不安不舒服，便在心中描繪：我未來應該成為的那個樣子……受人尊敬；然後，客觀審視自己現在的狀態，問自己：努力了嗎？足夠努力了嗎？還有多大差距？也可以常常默寫「用心照物，以心傳心」八個字，以為座右之銘。

以心照物，亦意味著身邊無不可用之物；以心傳心，亦意味著身邊無不可用之人。這時，你將發現別人的優點，承認並佩服別人比自己優秀的地方。僅僅這一點變化，你將感到周邊環境已然溫暖起來。朝著這個目標努力，哪怕暫時做不到，也會心生歡喜。歡喜在哪兒？你會發現：三人行必有我師焉！客人是我師，同事是我師，朋友是我師。

有了這樣的心態和環境，則不管發生什麼問題，你都會堅信自己能夠解決它，並由此鑄就你永不言棄的抉擇與行動模式。服務精神之培育與提升，唯此為大。

◆ 28. 不輕言放棄

　　一位已經離店的客人匆匆趕回來，對金鑰匙說：「不好意思，我的圓珠筆丟了，能幫我找一找嗎？」金鑰匙立即作如此想：如果丟了一支普通圓珠筆，客人不會返回來找，那麼，這支圓珠筆一定有不一樣的地方。他馬上安慰客人，表示願意協助，並詢問圓珠筆的情形。客人說，圓珠筆是其父親的遺物。他與父親吵架，然後離家出走，之後不久父親便去世了。這支圓珠筆是客人從好友那裡拿到父親的遺物。他告誡自己，一定要好好保管。他哽咽著說：「把圓珠筆弄丟了，心裡就好像又一次丟掉了父親。」客人流下了眼淚。

　　金鑰匙表達了深深的同情。隨後安排全體員工出動，在酒店所有地方搜尋。最終，還是沒有找到。這裡沒有替代方案，只有找到那支圓珠筆。放棄嗎？不！

　　金鑰匙再三向客人詳細詢問他當天途經的其他地方，有沒有進過什麼店鋪，或在哪個地方休息過，一一記錄下來。下班後，他按客人所說的路線一路仔細尋找。

　　客人計劃在酒店駐留三天。三天過去了，金鑰匙們盡了最大努力，還是沒有發現。客人有些過意不去，表示「已經十分感謝，找不到就算了吧」。金鑰匙沒有放棄。

　　之後，他在上班前或下班後多次按客人所說的路線，道路中間、路邊以及附近的店鋪，都不放過，有些店鋪甚至去過幾遍，以致店家都煩了：又是你，真的沒有看到圓珠筆啊！

　　金鑰匙依然不放棄：一定要找到！

　　功夫不負苦心人。三週後的一天，金鑰匙終於找到了那支圓

珠筆——它就落在多次對金鑰匙說「真的沒有看到圓珠筆」的那家商店裡。

　　隨後，金鑰匙立即聯繫客人。客人自然千恩萬謝，哭著說：「我自己都已經放棄尋找了。」是什麼支撐金鑰匙始終不放棄尋找？是「永不言棄」的服務座右銘。

第二章

第一印象

客人接待，尤其是貴賓（VIP）接待，成敗關鍵往往在於事前掌握了多少客人信息。沒有信息就不容易提供超預期的服務，無法製造驚喜。與一般服務生相比，金鑰匙的最大優勢是有更多機會去了解客人信息。因此，信息是優質服務的基礎，而在不違背信息保護原則的前提下儘可能多地獲取客人信息，也自然成為優秀服務生的重要條件之一。

　　老客戶或常客之所以成為老客戶、常客，其實，就是因為我們可以從客史數據中清楚地了解到他們的個性、飲食偏好等，據此接待，自能投其所好，讓客人步步驚喜。而對新客人而言，要做到這些確有難度，但如果我們能處處留意，掌握一些信息，哪怕很少，服務效果都會不同。因此，作為服務生，無論在哪個崗位上，都要具備收集客人信息的敏銳意識與主動精神，併力爭在最短時間內，通過與客人直接交流去發現客人的個性、需求特徵等。這也是服務精神的核心內涵。這「最短時間」有多短？約三分鐘。

◆ 1. 開水加麵包

　　某著名演員第一次入住酒店的管家樓層貴賓房，並與金鑰匙管家建立起良好互動。

　　這天，他很晚才回來。金鑰匙管家一直等著，並說：「您一定餓了，我已通知廚房為您烤了一份麵包，五分鐘後我送上去。」五分鐘後，他如約為客人送上了新烤的麵包，並配一杯溫開水。這位演員驚訝得半晌合不上嘴：「你怎麼知道我喜歡這個？」

　　其實，這習慣僅僅是偶然從他朋友圈那裡聽到的。

一件小事，滿意加驚喜。

◆ 2. 泡溫泉嗎

一位政界大佬在酒店會談，之後到咖啡廳休息，等待下一場會談。金鑰匙通過以往的雜誌資料得知這位政治家喜歡泡溫泉，估算了一下時間，十分充裕，就趨前提議說：「先生您要不要參觀一下我們的溫泉設施，以便我們幫您準備？」

客人十分吃驚：「你怎麼知道我喜歡泡溫泉？」金鑰匙的貼心服務讓客人很感動。之後，他向很多人介紹說：「那家酒店真不錯！」

◆ 3. 結婚紀念日快樂

客人走到餐廳門口，迎賓員笑容可掬地迎在那裡，祝福道：「先生您好，結婚紀念日快樂！」客人的驚訝是可以想見的。再想想，如果在餐中獲贈了一份祝賀蛋糕，還有員工賀卡，客人的驚喜會不會更勝一籌呢？

◆ 4. 不設指示牌

一家酒店內不設任何一塊指示牌，目的是為了增加服務生的信息意識，主動與客人交流。初訪的客人很難找到餐廳或酒吧的位置，必須由服務生帶路。這樣的「服務小心思」，旨在促成每一位服務生都必須主動在短時間內與初次見面的客人建立起融洽互動。

顯然，服務生必須細緻入微、敏銳，並在服務環節設計上不留死

角。如今，這家酒店最常見的風景是服務生隨處與客人愉快招呼的場景。他們在融洽的氣氛中詢問客人「去哪兒呢」，然後主動表示「我帶您去吧」。客人覺得「他順路」而非刻意，一切溝通自然而然。

路上，客人在問有關餐廳事宜時無意識中說一句「今天要特別一點的」，金鑰匙就會敏銳地發現「信號」，並非常自然地跟進道：「哦，什麼特別的日子啊？」客人笑笑說：「結婚紀念日。」金鑰匙馬上表示祝賀。之後，他向酒店其他崗位員工發出共享信息。或在交談中獲得諸如「今天是我女兒生日」之類的信息時，也會迅速在服務群裡與其他員工共享。這樣，當客人到達餐廳，餐廳服務生就會微笑著說「結婚紀念日快樂」，或以「小朋友生日快樂」問候方式迎接客人，還可能獻上一曲祝福歌，或送上一塊製作精美蛋糕。

客人如何能不滿意且驚喜呢？

◆ 5. 信息保質期

客人問金鑰匙：「能推薦一家比較好的餐廳嗎？」金鑰匙熱心詢問客人想找什麼口味的，客人說本土的。恰巧，金鑰匙剛剛了解過這類餐廳，並掌握了他們的作息時間，因此未加確認，就介紹了一個地方。不幸的是，這家店偏偏這時臨時關門整修。客人氣沖沖地回來，狠狠地罵了金鑰匙一頓。

任何信息都是即時性的，昨天的信息今天可能就變了。

要在三分鐘內獲得客人信息，第一印象很重要。在服務現場，每一位服務生都是酒店形象的代言人，換言之，你所釋放的第一印象直

接就是客人關於酒店整體的印象。個人即酒店。

譬如，客人說「感覺××酒店很好」，其實就是指某一個或幾個服務過他的服務生表現好。相反，如果說「那個酒店不好」，當然也是指某個服務生的工作不周到。通常，客人不會說「感覺××酒店的服務員張三服務不周到」，而一定會說「××酒店不太好，態度惡劣，沒有優秀員工」。或許，這樣的說法誇張一些，但根源一定在某一些具體的個人。金鑰匙的職責之一，恰在於承擔起維護酒店聲譽與形象的重要任務。這是禮賓司崗位職責決定的──最適合創造良好的第一印象。

3分鐘建立良好印象的關鍵，在於建立服務信任。信任一旦產生，好的服務感受如影隨形：這個人照顧我，錯不了。之後其依賴心、包容心亦隨之增強，會自自然然地、放心地把自己的需求告訴我們。這將是個性服務的第一步。那麼，這第一步從哪裡開始呢？儀容儀表。儀容是你的穿戴（靜態），儀表是你的表情（動態）。

◆ 6. 儀容不苟

一位金鑰匙男生，00後，很帥──很多金鑰匙都帥或漂亮（女生）。他常在沒人看到的地方拿出小鏡子照，被大家叫「娘」。實際上，男生「娘化」已成為現下一種很常見的社會現象。他不為所動，我行我素。

在乾淨整潔方面，他不容半點瑕疵；在穿裝上追求職業感，避免任何可能引起客人不快的狀況，或在任何細節上顯得不修邊幅。他說：這是一種職業禮貌，久而久之會影響心態──衣裝不

整，何以整天下。

　　他贏得了客人的充分信任。客人常常給酒店留言：事情交給他，放心。

◆ 7. 表情記錄

在服務交流會上，一位金鑰匙講了這樣一段心路歷程：

　　「個人覺得，最重要的是表情，表情表白內心，騙不了人的。四目相對的一瞬，表情即決定了雙方互相的第一印象。

　　一天，我從希爾頓酒店辭職走在京城的大街上。這時，希爾頓酒店的人力資源經理從後邊叫住我：『你怎麼了，一臉無所謂的樣子……啊？』我沒有故意裝什麼『無所謂』啊。我說：『有嗎？呵呵，我以為只是發呆而已。』還有一次跟朋友喝茶，朋友忽然問：『怎麼了？不高興麼？』啊？我又吃了一驚。我當時既沒有不高興，當然也沒有生氣，只是平常心情啊！」

或許，大家都有過這樣的經歷：你自己都不知道你的心思已被表情出賣了；或者你的表情誤導了人家的第一印象。於是，金鑰匙就請朋友把我工作中和私下裡聊天的狀態用攝影機錄下來。不看不知道，一看嚇一跳，金鑰匙發現自己認為的樣子，和實際的表現之間有著明顯的差別：怎麼會是這樣？「我常常批評別人，原來自己也是這樣的表情啊！難怪別人這樣看我呢！」

從那之後，金鑰匙開始注意面帶笑容，還在客人看不到的地方放了一面小鏡子，時常檢查自己的表情。漸漸地，不僅表情，心情也發生了變化。大家都說「你的笑容好美」。金鑰匙自己也高興起來。

如果說表情的變化叫作「職業微笑」，那麼心情的變化，就該是「美」吧！

再後來，金鑰匙還向酒店管理層正式建議在服務後台工區放一面大鏡子，以便員工檢查自己儀表，獲得了認同。現在，幾乎每一位員工都會自覺或不自覺地照鏡子了。

◆ 8. 以人為鏡

在服務交流會上，另一位金鑰匙講了類似的做法：以人為鏡。

為了掌握自己的表情，創造好的第一印象，我的做法是暗中觀察其他同事的待客表情。然後悄悄判斷：這個表情不好，不會給客人好印象的。嗯，這個表情，客人一定愉快。同時觀察客人的反應，前者果然是事務性的，事情辦完，各走各的，幾乎沒有交流。後者不然，客我交流十分順暢。顯然，客人獲得了他需要的信息。無疑，他們之間建立起了有信任感的第一印象。接下來，我把他的待客表情當成模板，通過模仿來訓練自己。

進一步，我開始關注聲音。很多同事，平時說話和待客語法截然不同，跟客人說話時不僅表情溫柔，充滿信賴感，言語聲調也一樣柔順得體。這或許就是職業態度或服務精神吧！不管怎樣，這「換了個人一樣」的切換能力讓我佩服。有人說，站到接待台前就是上了舞台，人要進入表演狀態，直到下台（班）。我一直不以為然，何必表演，自然流露不是更好嗎？其實不行，下班之後仍然表演就太累了。之後，我每天早上起床後都會對著鏡子向自己打招呼，進行發聲練習，然後沉浸在心曠神怡的清新空

氣之中。大家都說我心態陽光。

再一步，我關注優秀同事的動作。他們的動作有一個特點：輕。譬如，掛斷客人電話，他們都十分恭敬，輕輕地、穩穩地放下話筒，女生多用雙手放下話筒。我覺得似乎沒有必要這樣，但學著做了之後，發現整個心情都不一樣了。

一個人的言語、動作、表情與心情是一體的。當你認真對待一個事物時，動作首先會變得恭敬，如此一來，心會平和起來，然後聲音、語言都變得和諧起來。更為重要的是周圍的人會因你而愉悅，那一團和氣會像陽光一樣返照到你，你會更加溫暖。反之，如果你心存馬虎，動作就會山響，甚至毀壞物品，周圍人會立即產生不好的印象，並打亂你內心的平靜，接下來可能錯誤百出。

所謂表演，就是有意識地恭敬、認真對待身邊的一切事物。

◆ 9. 聲音距離

一位金鑰匙生性膽小，剛剛上崗，遇到客人經過，忙微笑行禮問好。客人從身邊走過，快要接近電梯時忽然折回身來，問這位金鑰匙：「剛才你跟我說什麼？」金鑰匙十分尷尬，說：「沒有別的，就是跟您道好。」客人「哦」了一聲，走了。

後來這位金鑰匙成了這家酒店的服務培訓老師，而契機就是這次尷尬。他在給新員工回顧自己的經歷時這樣講：要給人好的第一印象，說話發聲與表情一樣重要。這是一門藝術，服務生必備。

首先，與人相見的第一聲招呼非常關鍵，既要熱情、明快、清

爽，不拖沓，又不能失掉溫柔。相當於給客人來個「開門見山」的亮相，是相互亮相。你的語氣要確保能調動起客人的反應，否則無法溝通。接下來，他開始做一個試驗：

「我向大家問您好，大家一樣回我。」然後連問三次好，一次比一次聲音高昂，相應地，學員們的回應聲也一次比一次高昂。

因為，信息發出的強度，永遠高於信息回饋的強度。就是說，客人回應你問好的聲音，都會低於你的聲音，因此，如果你的聲音幾乎不被聽到，那麼，客人就幾乎不會回應，甚至可能發火，斥責你說『聽不見』、『不知道你在說什麼』、『大點兒聲』，你不得不重複一遍或幾遍，會不會很尷尬？」

事項敘述、說明階段，聲調要低些，平穩些，吐字清晰，以便顧客能聽清楚、弄明白。注意，不是只管自己說，而是要客人聽明白。必要的時候，可以隨時備一張紙和一支筆，便於進一步溝通。這叫氛圍營造。交流過程中，如果客人很多（比如團隊），你可能在不經意間被客人帶著聲調也高起來，甚至瞬間讓旁人覺得「粗」，留下不好的第一印象。這時，只有自己注意到，拉回來。為此，平時就要有意識地訓練說話。

怎麼訓練？手機都有錄音功能，大家發微信也常用語音功能，很多人錄好了一段話會回放給自己聽聽，確認一下，其實都是訓練，只是不夠「有意識」。不妨有意識地聽一聽自己的說話，或在家裡朗讀一篇文章錄下來，聽一聽。你會發現自己的聲音裡有很多問題，包括聽不清、詞不達意、囉唆、呼吸聲很重、邏輯混亂等。

最基礎的說話訓練，是發聲訓練。可以參加一些專項培訓班。當然，改變與生俱來的聲音是很難的，但經過訓練你會有意外收穫，譬如懂得了如何氣沉丹田，如何打開喉嚨，甚至身體狀況都因此得到了改善。

另一點是語速，聲音再好聽，如果語速過快，一口氣都不喘，也無法把意思更完美地傳達給客人。那是只管自己說，不是服務，服務用語應該是平緩而有節奏的。

當然，自始至終觀察、體會客人的心情是根本的根本，要跟著客人的情緒節拍，不能客人很急，你還在四平八穩，或客人活力四射，你也要精神抖擻，或客人十分冷靜，你就不要太熱情，否則會適得其反。

◆ 10. 微笑的電話

一般酒店服務規則都有一條：「鈴響三聲內，接起電話，問好……」但在這家酒店的金鑰匙服務規則上卻明確要求：「電話鈴響兩聲內，必須接起電話，問好……」

為什麼？金鑰匙說：我們做過測試，這邊鈴響三聲的時候，客人那頭的電話可能就要響四聲了。噢，金鑰匙果然心細如絲！

電話服務，包括接待、問詢、營銷等，也是創造良好第一印象不可或缺的環節。在酒店服務中，電話服務尤其頻繁，大多客人與酒店打交道都是從座機開始的，並貫穿始終。因此，言語稍有不當就可能「得罪」客人，進而失去商業機會。或許電話是沒有表情的，但在金

鑰匙看來，電話不僅有表情，且豐富而神祕，他們要打造「微笑的電話」。

無論一聲還是兩聲接起電話，都應微笑著問好：「讓您久等了。」如果超過三聲接起，還要表示道歉：「非常抱歉，讓你久等了。」這時，電話就微笑起來了。而且，客人是能夠「看」到你的表情：用心微笑服務或事務性的應對。

◆ 11. 行禮角度的意義

一家酒店金鑰匙服務規則還關注了服務角度問題：注目禮，躬身十五度，微笑示意；招呼禮，躬身三十度，稱呼客人姓名並至問候；致謝（致歉）禮，躬身四十五度，稱呼客人姓名並致感謝或道歉。

要在見面三分鐘內建立起良好的第一印象，最初一分鐘能否形成安全且友善的人際關係定位，至關重要。譬如打招呼時不應與客人正面相對，而應錯開一個角度（45°），最為得體。正面相對，等於擋住對方，當然很不禮貌，且容易產生壓迫感，讓客人緊張。面對面交談也不好。行注目禮，點頭示意，輕微躬身十五度左右，視線投向身前一米處，會很自然。尤其對熟客，既表現出親密不失禮節，又不會太誇張，讓人覺得做作。招呼禮，就是發聲問候，不僅要讓客人聽到，更要讓客人看到，感受到，躬身幅度則可以在三十度左右，視線自然投落在身前五十釐米左右的地方。致謝禮或致歉禮，躬身可達四十五度，視線順勢落在腳邊。這時要五指併攏，左手覆在右手上，背部挺直，面部下視，再徐徐直起身來，太快會讓客人感到隨意。

中國語言中除「您」和「你」之分，幾乎沒有太多的區分恭敬程度的詞彙，所以我們一般規定「全句」為恭敬，「略語」為隨意，後者如問候客人「早上好」或「您好」，前者如「××先生/女士，早上好，歡迎光臨」或「××先生/女士，您好，歡迎光臨」。

很多酒店都有類似的行禮規則或禮儀教育，但大都沒有照辦或沒有堅持下來。一來覺得死板，不適合中國客人或中國國情，有做作之嫌。二來覺得難為情，不習慣。三怕有日本化嫌疑。實際上，酒店非常需要一些儀式感強的服務規範，只要堅持下來，自然成習慣，則不僅是一道服務風景線，更是一場身心重構，並能在最大程度上釋放酒店服務形象的影響力。

◆ 12. 不說「請慢走」、「請稍候」

一般酒店服務中的「請慢走」、「請稍候」二敬語，在這家酒店中被規定為「禁語」。

為什麼？一位客人住酒店時，曾因一位員工對她說「請慢走」而非常不高興。她說：「我還住在酒店裡，就說『請慢走』，讓我走嗎？」實際上很多人都對此語有此感。甚至有人認為「請注意腳下」也不吉利。儘管只有一個人講出來，經過酒店服務品質委員會討論，還是將「請慢走」列為禁語，代之以「祝您（今天）快樂」。

很多時候，客人的問題無法立即回答，我們都習慣說「請稍候」了，這等於讓客人等待，也等於酒店無視客人的感受而一味地將酒店一方的狀況強加給客人。酒店服務品質委員會討論決定，以「馬上

辦」代之。

「請稍等」與「馬上辦」貌似區別不大，客人感受則截然不同。顯見，把可能產生負面影響的問候語換成具有正面意義的問候，是建設良好的第一印象的重要一環。

金鑰匙服務的本質是人際溝通，或稱公關。百分之九十的問題都是由於不同環節之間缺乏溝通而造成了誤解。其中，自我設限或先入為主的思維方式，是罪魁。所以，改變思維至關重要。

譬如看到客人在大堂吵嚷往自己這邊走來，就下意識地認為「有情況」並繃緊了神經。這其實就是成見。這時，不妨先把大腦化作一張白紙，然後關注與傾聽。關注的具體表現就是詢問姿態，如身體前傾或問一句「有什麼可以幫助您」，隨之而來的才有真正的傾聽。傾聽的具體表現就是聽客人講完，而不是不斷插嘴。

當然，關鍵還是下意識裡要不斷在內心強化一個意念：客人投訴即創造優質服務之最佳時機。金鑰匙的價值何嘗不在這裡呢？

◆ 13. 傾聽即聽客人把話講完

很多問題看似滑稽，其實不然，如前邊提及的「我想進某某公司工作」或「我想買那架飛機」等，只要你不先入為主地認為滑稽、不可能、與我無關，結果都可能成為現實。

這時，最重要的是讓客人把話說完，我們全部聽完。這既是態度問題，也是技巧問題。沒有聽完，就不是真正傾聽。即使覺得對方有錯也不必立即說「NO」，連「NO」的意念，如「我不知道」或「不

知所云」之類的牴觸情緒都要放棄。這也是禪宗所謂的放空、歸零。

在回答問題時，如果知道則可立刻回答，如果不知道，則不妨直說：「抱歉，我不是很清楚，馬上幫您查。」這樣，大家都高興。當然，這個「馬上幫您查」不是虛與委蛇，而是真的去查。注意，任何信息都是即時性的，昨天的信息今天可能就會變。

◆ 14. 信息的即時性

在櫃檯上，客人問金鑰匙，酒店哪些菜最有特色，金鑰匙說了兩道，結果客人臨走時很失望地說「根本沒有那道菜」。顯然，這是內部溝通有問題，而金鑰匙的失誤在於忽略了信息的即時性：餐廳菜單多受季節限制，隨季而變的。

另一次，一位客人對金鑰匙說：「能推薦一家周邊比較好的餐廳嗎？」金鑰匙之前已對這位客人所喜歡的餐廳類型有所了解，就介紹了一家。結果，還是被他狠狠罵了一通，因為那家號稱「全年營業」的餐廳偏偏在那天臨時休業。

◆ 15. 筆記本小子與三支筆

一位金鑰匙被同事們稱作「筆記本小子」，因為他隨時都在做筆記。

他做了一個很小的筆記本放在制服口袋裡。筆記本是自己裝訂的，因為酒店制服口袋非常小，從文具店買的小筆記本也放不下，只好自己做一個，如此形成習慣。

跟客人交談或在任何時候抓住一些什麼信息，都會當場記在本子上，且很留意不要讓客人注意到。本子左右對開頁，記錄客

人姓名、房號及其相關的信息。更為細緻的是他在櫃檯服務時，一定會把筆分作三類，一類是自己做筆記的可伸縮的圓珠筆，一類是當客人面做筆記的圓珠筆，一類是隨時可以借給客人使用的圓珠筆。

有時，客人在預訂某一項服務時可能會順嘴透露一句「小孫子滿六歲了，要慶祝一下」什麼的，他就會用伸縮筆記下來。記住這個日子很關鍵，屆時就會發信息或寄賀卡給客人，祝「××小朋友生日快樂」，如果在店內舉辦活動還會請餐廳送上插了六根蠟燭的小蛋糕。

◆ 16. 切忌不懂裝懂

有時，在與客人交流時，為了附和就嗯嗯啊啊，好像都明白，等到話題越聊越深，就不好意思說「其實我不懂」了，結果自己很尷尬。

一次跟一位習慣使用蘋果電腦的客人聊天，金鑰匙就遭遇了這樣的尷尬，因為金鑰匙不知道蘋果系統不同於微軟系統。後來，那位客人在酒店調查問卷上寫道：「一位女員工不懂裝懂。她肯定不知道蘋果系統。不知道就說不知道好了，為什麼不謙虛一點呢？」這時不妨直說，請教了之後亦不妨表示感謝。

一位客人來禮賓司詢問遺失物品。客人說：「我把針織衫忘在酒店了。」當時，針織衫這個詞還沒有普及，金鑰匙不知道針織衫是什麼。於是就謙虛地問：「針織衫是什麼樣子啊？」客人可能嘲笑我老土，但也無所謂，因為最後事情處理得非常圓滿。

第三章

深度理解

按客人的合理吩咐去做是服務的起碼標準，是客人滿意的起點。但顯然，這還不夠，我們需要更進一步把握客人的潛在需求，因為客人未必都能準確傳達自己的需求，甚至有時候，客人嘴上所說的與真正需求之間有很大差別。當然，想在客人之先並採取行動做到，不是一件容易的事，但一旦做到了，客人一定驚喜。這裡邊有很多技巧，非用心極致者是做不到的。

◆ 1. 四份卡片

現在遠程出行的確方便了許多，有飛機、動車、高鐵、輕軌、鐵路快客、長途巴士、郵輪等。這天，一位日本客人來櫃檯說：「明天去天津，幫我訂一張北京到天津的機票吧。」

一般情況下，京津之間大家多坐動車。既然客人堅持，金鑰匙也沒多言，就幫客人準備了機票。客人說聲謝謝便離開了。看著客人的背影，金鑰匙覺察出他很是不安。這個不安源自客人的眼神。他觀察到了。沉思幾秒鐘，金鑰匙追上去詢問。果然，客人第一次去天津，且中文並不地道，只是覺得飛機更靠譜。

於是，金鑰匙為客人製作了日文和中文雙語卡片，寫明從酒店禮賓司電話、酒店出發到機場、下飛機到目的地以及返回路線。客人如釋重負。而最讓他感動的是金鑰匙還特意將雙語卡做了四份：一份用於出門打車，一份用於下飛機後打車，再兩份用於返程。並一再叮嚀，有什麼不明白的，隨時打禮賓司電話。

第二天傍晚，客人安全返回酒店，十分愉快，昨日的不安一掃而光。

◆ 2. 觀察眼神

客人焦躁、淡定等種種情緒、情感都寫在眼睛裡，善於觀察者會發現一切服務先機。人焦躁、緊張的時候瞳孔會縮小，放鬆、淡定時瞳孔會變大。當然，它也受光量影響，即光量增大時瞳孔會隨之縮小，減小時瞳孔會隨之變大。兩者要區分開來。

某酒店的金鑰匙服務課程之一是觀察人的眼睛，以訓練其對客人心境、情感、情緒等的判斷。在中國，最好的觀察點在機場候機廳。觀察一對夫妻的眼神，然後判斷他們是同行還是送行。有些人登機之前很興奮，有些人則不然。登機時間到了，機場工作人員的眼神頓時緊張起來，如果有客人晚到，他們的眼神中甚至充滿憤怒。其次是溝通訓練，有時雙方會因為某一句話而高興，或因某一句話傷到自尊，而在眼神中呈現出瞬息的變化。觀察到眼神變化，推而知心，就可以防範未然或提早做好服務準備，確保客人滿意。

這個觀察法不僅適用於服務客人，也適用於同事間交談。

◆ 3. 距離策略

任何時候，與客人保持適當的距離都十分關鍵。一般距離是一米。然後，根據情況適當調整。譬如要講一些私密話時，客人會主動向你靠近。這時，我們也應配合稍稍向前傾斜身體，並熱心詢問客人：有什麼可以幫您的嗎？客人吐露心聲時，常常會伴隨著不安感，而我們積極傾聽的姿勢，恰好能安撫其不安的情緒。

此外，通過握手問候也可以拉近或保持合適的距離。且通過手溫

還能感知到客人的情緒。如果天不冷，而客人雙手冷，表明他處於緊張狀態，若雙手溫熱，說明他比較放鬆。

大多時候，服務就是這麼一點點事！

◆ 4. 心理錢包

獲取信息是做好服務的前提。客人是怎樣的人，從事什麼工作，獨住還是與人一起，公差還是私事，乃至背包的款式、衣服的風格、髮型等信息，都會對服務效果產生影響，而獲取這些信息無疑有助於服務效果事半功倍。更為關鍵的是，只有當金鑰匙們意識到這一點，才能算得上用心極致。否則何談服務！

有了這個心理前提，某酒店金鑰匙發現，在推薦店外餐廳時，首先要關注客人預算多少，也就是他的心理錢包——無論他是否表示不在意價格。

直接問客人「您的預算多少」當然不妥，多了少了客人都會難堪。簡單地介紹這個餐廳價位多少，那個餐廳價位多少也會破壞交流氛圍。怎麼辦？

金鑰匙會專門到周邊特色餐館調研口味、價格等，然後為客人準備一份標有價格的菜單集。他一邊向客人說明哪裡的菜式如何，一邊不露聲色地觀察客人的心理錢包。

他說，他遇到過一位客人帶女朋友來，問酒店外哪裡有好吃的牛排，遠一點也不要緊，也不要考慮價格，於是推薦了剛剛開業的王品牛排，當晚客人回來時狠狠地撂了一句：「你存心宰我

是不是？！」進一步詢問才知道，那裡確實美味，只是價格超過了客人的心理錢包，才導致差評。

通過這件事，他還學會了除心理錢包之外的很多東西，如對餐廳的了解不應僅限於價格，還要看網評、雜誌介紹等，介紹情況要盡量詳細，如「這家餐廳服務態度雖然一般，但味道不錯」，「這家餐廳氛圍特別好，但味道一般」等，給人以身臨其境的感受。效果大彰。還有，關於「價格高」、「價格低」、「好吃」、「難吃」之類的評價往往因人而異，介紹時應盡量避免，而代之以有標準和依據的，如燒烤店的燒烤方式、氛圍、服務評價等。

◆ 5. 忌過度自信

在金鑰匙服務交流會上，一位金鑰匙發表了這樣一番看法：金鑰匙服務的針對性注定了其必須因人而異的行業特點，因此，任何話都不能說滿，任何評價都不能絕對、武斷。過度自信、不謙虛都可能惹事。

一天，緊張的工作告一段落，我建議大家吃塊巧克力或甜食，並說：「絕對解乏，心情超爽哦！」結果有人聽了，有人不以為然說「會發胖的」。那次我自己覺得很尷尬。服務也一樣，千萬不要把自己認為好的建議強加給客人。

◆ 6. 男女有別

一般說來，男性願意聽或講最核心的部分。電腦故障了，他會說發生了什麼問題，什麼時候能解決，怎樣解決等。女性不一樣，她會

這樣說：昨天我們去中山路逛街，然後在咖啡館裡吃了點東西，出門剛上公交車上，電腦就掉到地板上了，好心疼啊！

對待男生，能簡就簡。但應注意，簡不等於草率，而是要說或做一些有用、有時效性的事，如立即給電腦商打電話，還有酒店能給予什麼幫助等。這叫就事論事式的溝通。

對女生，我們甚至可以問一些毫無關聯的事，如「具體是怎麼摔落的」，或「還去了哪些地方啊！」。在漫談中把握客人的情緒，問清楚問題，最後向客人提出可行性建議或採取相應措施。這叫情景式溝通。

再如指示路線，金鑰匙手頭大都會備兩張圖，一張是酒店內部交通圖，一張是酒店外部交通圖（如果沒有，說明基礎工作不夠，可以手繪，然後複印多份備用）。外部地圖上會標註公路、鐵路、地標、目的地等，跟客人介紹時可以指點，也可加標註，很方便。這時，男性一般喜歡看圖標，按圖索驥針對的是他們。而女性則多願意聽你講解：從 XX 站的二號出口出站，對面的道路向右拐，走兩百米左右，有一個十字路口，在十字路口的左上角有一家花店，從十字路口繼續前行一百米左右，又出現一個十字路口，在第二個十字路口的左上角有一座名叫 A 海姆的公寓，通過海姆公寓向左拐，繼續走十米左右，並有一家蛋糕店映入眼簾，就到了。

現在移動終端設備多具備搜索軟件，這大大簡化了指示路線的問題，但對於一些方向感較差的顧客，詳細講解仍是必要的。

第四章

———————————————————

團隊運作

酒店服務有一個公式：100－1＝0。其有三個內涵：一個服務環節沒有做好，所有服務的效果都被打折；一個部門或崗位掉鏈子，整體服務與管理效果被打折；一個人的行為步調不一致，酒店整體的形象、服務與管理效果被打折。因此，我們特別強調系統服務、團隊作戰、全員服務，而貫穿其始終，連通其內外的，是團隊精神。這個精神從哪裡來？從酒店服務的理念、使命中來。當理念與使命濃縮為永恆的價值觀即信條時，它將成為每一員工內在的指南針與定位儀。

◆ 1. 信條卡片

　　利茲卡爾頓酒店全體員工胸前口袋裡都放著一個四折卡片，員工稱之為「信條卡」。放在靠近心臟的位置，為的是將信條滲透到心中。他們通過不斷的培訓、學習、體會、踐行信條中的每一個內容，讓自己成長。

　　這個方法，大家都可以借鑑，當然，問題不是如何把卡片放到靠近心臟的地方，而是沉入內心，融化到血液裡，並化成每日的具體行動。

◆ 2. 團隊的智慧

　　還記得前邊講過的一個案例嗎？一位三十出頭的先生希望和自己的女朋友「在酒店套房裡吃法國料理」，「想在套房的地板上上擺滿一百朵金合歡和玫瑰」，這個套餐組合的最低消費超過一萬元，而他的預算只有七千元。

　　那麼，金鑰匙是如何幫助客人實現了自己的願望的呢？

金鑰匙雖非無所不能，但必盡其所能。這是每一個金鑰匙都在踐行的服務意志。這個意志源於何處？必源於酒店的服務理念乃致使命，來自心中的閃光的「信念卡」。而同時，我們還要看到，這個意志背後隱含的更加強大的團隊支持體系。

　　金鑰匙找房務總監，討論降低包括房費在內所有預算的方法。再找廚師長，商量在不降低菜品質量前提下，選擇便宜食材替代品的可能性。最後的問題是金合歡和玫瑰。黃色絨球般可愛的金合歡開在四月，告知人們春天的到來。但當時是初冬，酒店花房裡沒有金合歡。而玫瑰花一株更要二十五元。如果用一百株花葉撒滿地板，至少得二千五百元，這就超預算了。

　　金鑰匙團隊來了個頭腦風暴：與其讓女孩在進入套房的一瞬間看到地上撒落的玫瑰花，插在花瓶裡玫瑰花能欣賞好幾天，不是更能表達先生的心願嗎？之後，金鑰匙再訪酒店花房與店員協商：只要保持一天就好，可否給我一些已經下架的玫瑰花呢？花店大力支持，準備了一百株玫瑰。床頭的玫瑰花插得非常精緻，床上、地上的玫瑰花瓣勾畫出一個溫馨的幾何圖案。浴缸、面盆、馬桶槽裡也點綴著花瓣兒，簡而不凡。

　　金合歡呢？花房員工實在沒轍了。忽然，一位調酒師出了一個點子：送上一杯叫金合歡的雞尾酒怎麼樣？金合歡雞尾酒被譽為「世上最美味最奢侈的橙汁」。因為它有著與嬌嫩的金合歡般相似的顏色，於是就取了這個名字，在法國上層社會很受歡迎。

　　當天，女孩感動於先生為她準備的一切，滿意且驚喜。她答應了求婚。

想一想，如果沒有前廳、客房、廚師、花房、調酒工作人員的共同努力，這樣一個天衣無縫的服務能夠實現嗎？這就是團隊精神。

◆ 3. 團隊運作

　　一家國際酒店開業這幾天，員工們顯然還不熟練，但整體氛圍卻讓人感受到一種強烈而聯貫的團結、向上的勁頭，連客人都被感染了，官微、官網、APP、微信、微博好評如潮。

　　前台生手們辦理入住手續花了較長時間，客人排起了長龍。這時，經理和空下來的員工出來為客人分發橙汁。經理是美國人，只會說一兩句中文，但非常努力地去與客人打招呼。客人們也很興奮。一位女士說：「連經理都這樣熱心，這家酒店錯不了！」員工們深受鼓舞，一些女孩子幾乎激動得落淚。

　　五百份酒店宣傳冊不到幾小時就發完了，前台人手實在緊張，脫不開身，只能向營業部求援，營業部員工連連說「抱歉，手頭沒有宣傳手冊了」，臨了還不忘說一句「我們來想辦法」。五分鐘後，營業總監兩手抱著宣傳手冊跑過來，問：「夠嗎？夠嗎？」大家都很感動。

　　這家國際酒店每三個月舉行一次員工聚會。會場音樂都經過精心設計，有時是讓心靈放鬆的，有時換成搖滾，員工們在一片溫馨的氣氛中享受他們的「美好時光」──經理們親手為大家派發點心、巧克力、蛋糕。這種瀰漫了法式風情的親情，深深鼓舞了員工，令他們堅信自己的服務會成為中國第一。

　　團隊精神的踐行，靠的是團隊運作，而要想形成這樣的局面並持續下去，單靠熱情不行，一定程度上的制度支持與制約非常關鍵。這

裡的「一定程度」，同時意味著服務不能過度制度化，因為制度在提升整體效率的同時，也可能磨滅個體的積極性與服務的針對性。

好在有金鑰匙。金鑰匙是酒店日益制度化、規範化、追求效率的工業化進程之中，最具靈活性、個性化、追求效果的機制。

◆ 4. 早例會備忘錄

服務早例會制度非常有必要。通過例會，當天客人的信息被準確地傳達給員工。某酒店金鑰匙早例會堅持了數十年，而他們的備忘錄本身就讓人深感專業、溫馨，且不做作、僵硬，充滿了個性：

「今天紅單（緊急任務）一個，黃單（優先任務）一個，綠單（正常任務）七個，細節與分工請查詢 OA，集中精力按輕重緩急秩序辦好紅單、黃單。」

「某某客人今四點左右會開一輛白色豐田阿爾法過來，請務必派兩個人去迎接。」

「今天是某某客人的生日，注意告知餐廳迎賓崗，請客房準備小禮物。」

「昨天到店的某某客人說話語速快，性格偏急，接待時要簡明扼要。請說話簡潔的同事某某關注這位客人。」

「某某同事昨天處理了某某客人的投訴，並承諾六小時內回覆，今天按時跟進，客人有了滿意結果之後再下班。如果做不到，要直接詢問客人意見，並獲得客人的延時許可。」

◆ 5. 一張便條

　　一家酒店禮賓司規定，凡客人提出的要求，都要寫在一張 A4 便條紙上，抬頭是「需求清單」，內容包括哪位客人在何時提出什麼要求並由誰受理的。事無鉅細都要全部記在上面：

　　「某某客人，十點五十分，詢問去 A 商場的路線，王偉。」

　　一張紙大約可以寫二十條，金鑰匙說，最多時每天可以寫滿四張紙。如果辦結，就在該條下面畫線標註。這不僅有助於有條不紊地辦事，也能確保交班不亂，不會漏辦事項。隨著電子化辦公系統的完善，如今，這個便條的內容將同時呈現在前台、餐廳迎賓台、客房服務中心的客服屏面。大家分享信息，連帶感更強了。譬如，一位客人說：「我還想去一次之前在這裡住的時候，你們（無法明確指代）給我說的那家餐廳。」

　　任何獲得授權的崗位，都可以在電腦上查出客人上次入住的日期並調出當日「需求清單」，找出客人名字，也自然知道是哪家餐廳了。

　　還有一位客人問：「請問那家可以掏耳朵的咖啡店在哪裡？」

　　客人是在雜誌上看到這家店的，而接待員不了解，忙解釋說需要查詢。後來查到了，在滿足客人需要的同時，也將信息分享給了所有員工。客戶信息儲備庫就這樣在不知不覺中建立了起來。

◆ 6. 交接班指南

　　有時客人會打電話問「之前那件事怎麼樣了？」貌似沒頭沒腦，

而客人則認為所有員工都應了解。或有客人來電話問「兩天前這個時候接電話的那個小夥子在嗎？」交接班制度的意義就在於解決這個問題。某酒店金鑰匙製作的一份交接班指南（手工）很實用：

交接班指南分左右兩欄，左側是前班已處理過的信息，所有員工都必須知道。右側是當前正在處理或待處理的信息，受理某某客人的請託或投訴，目前處理情況怎樣等。接班人必須看並簽名。大家都熟知了這些信息，都能很好地應對突發狀況，服務好客人。

你所看到的一切，都是你內心的折射。所以，作為團隊一員，你的態度將影響別人（客人與同事）對你的態度。

◆ 7. 每天放鬆一小時

因為要長時間接打電話，沒有哪個金鑰匙沒有肩痛頸痛的病患，而快節奏的工作也很容易讓人筋疲力盡。不管金鑰匙坐著還是站著都區別不大，只要在一線工作都會影響健康。

有時，客人言行粗魯或無視金鑰匙的存在，會使金鑰匙心情低落。客人離店不打招呼、不握手、不表示任何感謝，特別是有些客人在酒店住了四五天，金鑰匙給他們提供了大量的幫助，並開始對他們產生了感情。這些，難免讓人感覺受到輕視、頗感失望。

並不是說客人必須要遞上一個裝滿小費的信封，但至少應該向金鑰匙表示敬意，畢竟他們為客人創造了一段美好的回憶。雖然金鑰匙會克制自己，盡量不要感情用事，但缺乏認可確實會傷害到他們的感情。

因此，我們需要調整。

想一想，金鑰匙不是有很多機會提供專業、一流的服務，改變別人的生活嗎？那麼，就為自己鼓掌喝采吧！應該記住這些閃光的時刻，當心靈受挫時更應如此。

當然，無論怎樣麻痺自己說金鑰匙工作意義重大，身體與精神的疲憊還是經常令我們吃不消。北方的冬天，這個崗位靠近大門，常常受凍；夏天則不得不忍受空調的冰冷。女金鑰匙不能跟男生一樣穿襪和褲子，難免患上寒症。加之服務業工資本來不高，客人要求卻日益增加，動輒投訴相逼，愛被消耗，煩惱如影隨形。

如何實現我們的服務精神？如何保持團隊精神呢？其實也簡單，即確保每天在工作過程中能放鬆一小時或至少三十分鐘。如安排時間到餐廳喝咖啡，定時到後台休息等。

這時，我們的工作制度中應該建立一個減壓機制，包括輔導、培訓、運動以及福利，形成制度，並必須不折不扣地執行。

◆ 8. 對自己說早上好

養成每天早上起床之後，對著鏡子向自己問好的習慣。看著鏡子裡的自己，就如在和某位高人說話，問自己：「今天精神飽滿嗎？」「昨天的疲憊緩解了嗎？」「今天臉色夠不夠好?」這非常有助於振作精神。當然，媽媽有時會對你說：「臉色真差！」自己也可能發現雙目充血，不免心疼。須知，這種狀況沒人幫得到你，即使辭職也於事無補，只能靠自己。

久而久之，對自己說早上好會產生一系列好效果，如你會更主動地與別人打招呼了。過去你打招呼，人家不應，你會自己糾結：「生氣了嗎？」「有什麼事？」現在不會再去浮想聯翩了，因為自己已經能夠很好地回應自己了。

漸漸地，你或將成為團隊中最受歡迎的人。

◆ 9. 為所有人祈禱

無論寒冷還是炎熱，只要不颳大風下大雨，不妨將窗戶、窗簾全打開，面向窗外，盡情地深呼吸然後吐氣。大地的能量、空氣的能量、風兒的能量，這時最充足。晴天的時候向著太陽說一聲：「好天氣啊！」然後祈禱五分鐘：「願今天一切順利！」「小X昨天很疲憊的樣子，願他今天精神飽滿！」「小A和小X昨天發生口角了，願他們今天和好！」帶著這樣的正能量走進職場，你將發現人人都陽光滿面。

◆ 10. 登台演出

金鑰匙上崗好比登台演出。家裡、班車、員工休息室是後台，前台接待、禮賓司、大堂是舞台。每一位員工都在扮演著自己的角色。「登台演出」這一想法，是某酒店一位金鑰匙想出來的。

一次，他服務某著名演員，並成為朋友。一天，這位演員跟他聊天，問道：「小李，你覺得酒店工作有趣嗎？我看你從早到晚忙個不停，一直在『歡迎』『抱歉』『謝謝』，工資也不高，是什麼原因讓你堅持留在酒店呢？」

金鑰匙小李腦海中首次浮現了「登台演出」四個字：跟您一樣，我登台演出了！演技好了、真了，不僅能獲得客人好評，自己也很快樂。

後來，他在利茲卡爾頓酒店店規中看到了「登台演出」這四個字。英雄所見略同吧！

◆ 11. 心情轉換

不上班時可是懶散度日，也可以認為這是真我。下班一定要換掉制服。做管理層，盡量不要住在酒店裡，有一個上班下班的改變。這個過程叫心情轉換。

酒店來了一位好萊塢男星，一直都是笑眯眯的，從內心讓人感到愉悅且從容不迫，對酒店員工也特別體貼。一天，我看到他正在與一位普通白人女性談話，以為他們是熟人，事後得知這位白人女性僅是酒店一位客人。他沒擺任何架子，就那麼自然地聊著，以致於沒人想到他是好萊塢大咖。

心情轉換的另一個方式是進入自己的興趣世界。喜歡什麼來什麼。美術鑑賞、舞蹈、音樂等都好。獨來獨往的人不妨邀二三好友聚聚。讀書也是一法，且是一個大法。有些人一到書店就心情舒暢。不過，這樣的人越來越少了。

要善於主動為迎接下一個日出做好充分準備。

第三部分

指導篇

魏小安

中國旅遊研究院學術委員會主任

全國休閒標準化技術委員會主任

中國旅遊協會休閒度假分會秘書長

第一章

─────────────────────────────

奧運金鑰匙
──打造金鑰匙高光點

每次金鑰匙會聚一堂，我們總是感覺到陽光，感覺到青春，感覺到朝氣。今天離奧運還有一百六十一天，我們準備出征、準備上陣、準備體現我們中國的服務風采。在這裡，我首先向中國金鑰匙團隊表示熱烈的祝賀。

　　北京奧運會眾所矚目，這個過程非常複雜。前段時間偶爾在電視上看見這樣一個故事：在雅典奧運會期間，中國田徑隊住在一棟小樓裡。這個房子只要開一個門，全樓都知道，如果有人在房子裡洗澡，全樓也知道。當時為保證劉翔的正常休息，田徑隊訂了一條規定，只要劉翔進了房間大家都必須安靜，不能影響他的休息，因為劉翔是我們田徑金牌的希望。所以每個人進房時，就拿著一瓶礦泉水在門軸上澆一點水，然後再輕輕地把門打開，這樣才沒有聲音。劉翔進房間之後，大家要到對面的樓去洗澡。這個故事是中國田徑隊的總領隊講的。看完了之後，我很感動，也很受刺激，也很有一些疑問。我感動的是我們田徑隊的這種精神。我很受刺激的是我們的運動員怎麼住進這樣的房子。我的疑問是，在這個過程裡沒有看到設施，更沒有看到服務。突然一想，人家就這麼辦奧運嗎？反過來說，現在我們是辛辛苦苦、兢兢業業、盡心盡力，但是還在有人攻擊我們，道理何在呢？很簡單，因為我們是一個發展中的大國，因為我們在世界上有了自己的形象和聲音。所以有人會有不同意見，有人會看不慣，有人會挑毛病。但是對於我們來說，則應該更好地把這一屆奧運會辦下來。實際上，這是中國人的希望，也是我們大家的共同希望。

　　金鑰匙服務進入奧運服務，應該說是一個創新。在一定意義上，這個創新是和奧運總體精神一致的，也和奧運倡導的理念一致。本次

北京奧運會，對我們國家來說是一個根本性的標誌，標誌著中國正式進入了現代國家的行列。就像一九六四年東京奧運會、一九八八年漢城奧運會一樣。對於西方發達國家來說，覺得奧運好像不是大事，但對於我們來說則是一個轉折。這個轉折就要求我們要有更高的責任心，要求我們要有更嚴格的運作方式，來達到一個更高的目標。從這個角度來說，我認為第二十九屆北京奧運會，金鑰匙服務團隊的進入具有多方面的意義：

第一，金鑰匙服務創造了奧運服務的特色，並且突出了服務。孫東先生剛才講話裡邊有三句話：科技奧運從組織開始，綠色奧運從環境開始，人文奧運從服務開始。所以提高服務水平，創造服務特色從金鑰匙開始。因此我們確實是責任很大，而且歷屆奧運會，大家關注的是開幕式、運動員的成績、本國運動員的成績，很少關注設施，很少關注服務。我相信，這次金鑰匙的俊男靚女們就會亮出我們亮麗的服務的形象，形成一個服務品牌。

第二，展示我們中國服務風采。作為中國，我們總覺得在服務方面好像有點落後。改革開放三十年，在服務方面，我們已經有了一批頂級的服務人員，也有了一些頂級的服務品牌。金鑰匙就是其中之一。所以借這個機會展示中國的服務風采，具有更長遠的意義。

第三，體現中國服務的國際化水平。這幾年來，中國是世界工廠的概念大家都認同了。我們是一個製造業的大國。但是，隨著發展我們必然成為服務業的大國。嚴格地說，現在，服務業的比重在整個國民經濟中逐步地提升，服務業大國的狀態已經形成，但是服務業大國的形象還沒有產生。

回想三十年以前，幾乎沒有服務可言。現在我們的服務確實是一步又一步的上了台階。從這個角度來說，我們的相當一部分服務已不是和國際接軌的問題，而是已經進入了國際行列。所以這次我們有責任，也有義務來體現我們服務大國的國際化水平。所以對我們的要求就必然會更高一些、更嚴一些。辦奧運會我們沒有經驗，雖然在努力學習，但是也確實會產生一些特殊情況，產生一些其他的要求，尤其是在服務方面。這就到了考驗金鑰匙的真本事的時候。所以，對我們這次的三十六名金鑰匙來說，至少有這麼幾個要求：

　　第一是標準化的基礎。這是我們多年來一直倡導的，而且現在已經穩定的一個服務形態。這種標準化基礎在奧運村以及為各類人員服務的住宿設施，現在基本上都已經完善。

　　第二是網絡化的運作。網絡化的運作恰恰是金鑰匙這個組織的優勢。這個組織的優勢希望能夠通過這次奧運服務的過程，形成若干經典案例。這種經典案例應該在世界金鑰匙的歷史上留下來，尤其是在網絡化運作方面。

　　第三是專業化的服務。專業化的服務是考驗每一位金鑰匙自己本事的時候。

　　第四是個性化的滿足。我們通過前三個方面的要求，最終要達到一種個性化的滿足。每個運動員都是非常有個性的，這和平常酒店裡接待的商務客人、接待的會議客人以及接待的旅遊客人都是不同的。運動員個個都是大腕，都有個性。這樣的話，個性化的要求會不斷地提出來，要求我們在合法的基礎上進行滿足。金鑰匙的理念是不合理

可以，但是不能不合法，在此基礎上進行滿足。在奧運村這個特定的環境之下難度極大，甚至都很難想像，但如果我們能夠做到這一步，那就真是體現了我們的最高水平，同時還有利於我們的服務的靈活性的提升。

這種服務和平常酒店提供的服務，包括金鑰匙物業提出的服務截然不同。這種服務的變化性很大，就要求我們必須得有靈活性的提升。比如幾個客人突然提出要求，在這個過程中要求就在變化。類似這樣的情況都和金鑰匙日常崗位的工作不同，所以在工作中有很多日常資源可以利用。有些問題在日常工作中可能不是個問題，但是在奧運村可以想像出來，我們沒有多少資源，有的只是服務經驗、服務技能、服務態度、服務技巧。當然也應該向有關方面提出一些資源配置方面的要求，如果說一點工作手段都沒有，工作無法進行，客人就不會有更滿意的感受。

第五是隨機性的問題。就是要研究奧運服務的隨機性，如辛辛苦苦上了場，但得了個倒數第一，一肚子氣沒處撒，就很可能在這些方面撒氣。他們可能希望激化一種矛盾，然後把氣撒出來，實際上這是人的一種本能，也是一種心理。這個時候就需要通過我們的服務來化解矛盾，化解運動員的壓力，化解官員的壓力。

總之，這些事情難度很大，但是沒有難到天上去。我相信在金鑰匙組織的網絡化基礎之上，積累日常的服務經驗，這些事情都會一步步解決。當然，有些問題和情況我們現在都很難想像。但是正因為難才有挑戰性，正因為有挑戰性，才需要我們上陣。所以這次金鑰匙服務團隊進入奧運會，在世界金鑰匙的歷史上是一個創新，在奧運的歷

史上也是一個創新。希望通過這項服務，引發各類大活動服務水平的進一步提高，引發全民服務意識的強化，推動中國作為一個服務業大國的真正形成，使我們在國際上更具備相應的吸引力。

（2008 年 2 月 28 日講話整理）

第二章

金鑰匙服務：
昨天、今天、明天

金鑰匙的本意是指飯店前廳部委託代辦工作中質量最高的工作表現以及由此形成的一種特有的榮譽標誌。隨著社會的現代化發展，金鑰匙服務已經成為一種追求極致的服務精神的代名詞。在中國，金鑰匙服務已經走過了十八年的歷程，從一九九五年開始，建立國際金鑰匙組織中國區，目前已經有兩千多成員。二〇〇三年，又創建了國際金鑰匙聯盟，意在推廣金鑰匙精神，逐步形成了體系。一是金鑰匙酒店聯盟，目前已經有一百三十家成員酒店；二是金鑰匙物業聯盟，已經有一百七十家加盟；三是金鑰匙服務聯盟，追求跨業發展，跨界融合，已經有二十家，包括機場貴賓廳、高爾夫球場等。同時在歐洲、美洲和亞洲也發展了三十家聯盟成員，產生了良好的效果。從總體來看，這是一種創新型的事業。

一、閃光的金鑰匙

1. 金鑰匙服務的本質

　　金鑰匙既是一種專業化的服務，又是對具有國際金鑰匙組織會員資格的飯店禮賓部（有的飯店稱為委託代辦組）職員的特殊稱謂。飯店金鑰匙，從本質上講，是指飯店中通過掌握豐富信息並使用以共同的價值觀和信息網絡組成的服務網絡，為賓客提供專業個性化服務的委託代辦個人或協作群體的總稱。他們所提供的服務稱為金鑰匙服務。因為金鑰匙服務具有鮮明的個性化特點，其創造的附加值高出一般的飯店服務，其工作具有藝術性、創造性的特點，因此，被認為是飯店服務的極致。

在市場競爭激烈的形勢下，要留住客人，贏得客人，單靠真誠和微笑是不夠的，更重要的是能夠給客人以實實在在的幫助，也就是使服務具備更加豐富的內涵。具體來說，就是要把客人當成自己的朋友，提供的服務不但能夠滿足客人的期望，而且能夠起到雪中送炭和錦上添花的功效，給客人以意外的驚喜，這就是金鑰匙追求的目標。也就是說，金鑰匙不僅限於一般服務工作分內的事，而且要做客人認為分外的事。金鑰匙的特別之處就在於，他的工作不但想客人之所想，而且想客人所未想；不但使客人滿意，而且使客人喜出望外。在客人的驚喜中使自己充實、滿足、富有，這就是金鑰匙的人生定位——在客人的驚喜中找到富有的人生。

2. 金鑰匙的發展與風格

飯店服務的發展和經濟的發展與社會的興衰休戚相關。第二次世界大戰以後，歐洲經濟逐漸恢復，旅遊業隨之復興，飯店金鑰匙服務才會有繼續發展的土壤。

總體來看，國際金鑰匙組織的發展大體上分成三步：

第一步是在歐洲。金鑰匙是歐洲傳統文化的延續和專業化的表現，因此，在歐洲的飯店，金鑰匙至今仍保持著儒雅、穩重、誠信的紳士遺風，扮演著小飯店中大管家的角色。不少滿頭銀髮、風度翩翩的飯店金鑰匙，每天都在演繹著獨具歐陸浪漫風情的人生傳奇，以其豐富的人生經驗和魅力為客人帶來無盡的驚喜，外國旅遊者可以從他們身上看到這個城市的歷史和傳統。突出的個人魅力和性格特點是歐

陸飯店金鑰匙引以為榮之處，所以，歐洲的飯店金鑰匙一般是終生從事該行業，而且形成了傳統的子承父業的情況，父親把自己一生的經驗和積累的關係網視作最大的財富。因為在這些城市中，服務的信息和良好的協作關係是珍貴的無形資產，它可以幫助飯店金鑰匙為客人提供及時到位的服務，並以此贏得豐厚的回報。因此，到歐洲參加國際飯店金鑰匙組織年會，經常會看到父子一同出席會議的景象。歐洲人把金鑰匙看作一種光榮，是因為服務在這裡被看作一種專業，飯店金鑰匙則進一步把這種專業上升為藝術。

第二步發展是在美國。飯店金鑰匙服務傳遞到美國之後，立即被重信息、講效率的美國人賦予現代化精神，使飯店金鑰匙的服務理念適合現代化大型飯店的需求。入住現代大型飯店的客人，不僅需要忠實的管家，而且更關心獲取信息的全面快捷的渠道和處理問題的高效圓滿；不僅需要服務員彬彬有禮，更需要飯店金鑰匙的高效率。因而，以美國飯店為代表的金鑰匙普遍年紀較輕，思想活躍，敢於創新，工作作風大膽，講求效率，手段先進，操作規範。他們的工作引發了飯店金鑰匙服務的一場革命。在把美國精神滲透到塑造飯店金鑰匙群體的全過程中，為金鑰匙這個古老的職業注入了新的內涵。

美國的金鑰匙注重服務的效率，強調服務的結果，特別注意運用高科技成果提高飯店金鑰匙服務的水平。而且美國飯店金鑰匙的實踐很快受到有關旅遊學院的注意，被總結並提升為理論。著名的美國康奈爾大學酒店管理學院正式開設了飯店金鑰匙服務課程，不斷吸收全世界飯店金鑰匙和管理者的意見和建議，向全球飯店的管理者和專業飯店金鑰匙敞開大門，使這門新學科在教學相長的過程中得到迅速的

發展，也使飯店金鑰匙服務成為飯店管理中具有很大潛力的一門新興課程，使金鑰匙這一專業更加專業化、規範化，更具有現代色彩。

第三步是東亞。飯店金鑰匙傳到亞洲，首先在新加坡和香港這兩個飯店業發達的國家和地區得到發展，並形成了自己的風格。亞洲的人文特點，決定了亞洲的金鑰匙既不能照搬美國金鑰匙的成果，也不能接受歐洲金鑰匙的悠閒和從容。博大精深的東方文化對外來文化有寬容的吸收能力和巨大的同化作用，在文化上注重人與人之間的交流，強調人對人的服務。因而，亞洲的飯店金鑰匙，既繼承了歐洲飯店金鑰匙的文化傳統，又吸收了美國飯店金鑰匙的高效率和高科技，同時融入了自身特有的人情味，形成了獨特的風格，也達到了金鑰匙服務的更高層次。

二、興起的中國金鑰匙

1. 起步

中國飯店金鑰匙服務的發展，是在霍英東先生的推動下，以廣州白天鵝賓館為起點、楊小鵬總經理親自組織而引入的。一九九〇年四月，白天鵝賓館派人參加了亞洲第一屆金鑰匙研討會，這也是中國飯店業第一次吸收金鑰匙的概念。一九九三年、一九九四年，白天鵝又分別派人參加了第四十一屆、第四十二屆世界飯店金鑰匙組織年會，通過這些會議的學習和交流引入了金鑰匙服務。一九九五年十一月，首屆中國飯店委託代辦研討會在各地飯店總經理的大力支持下在白天

鵝賓館召開，大家就發展中國飯店金鑰匙服務達成了共識。至此，中國自己的飯店金鑰匙開始產生。

一九九七年，中國飯店金鑰匙被接納為國際飯店金鑰匙組織第三十一個成員國團體會員，標誌著中國飯店金鑰匙組織在國際上取得合法地位。一九九九年，中國旅遊飯店業協會審議通過了中國飯店金鑰匙組織作為中國旅遊飯店業協會屬下的一個專業委員會，以團體會員的形式加入中國飯店業協會，並得到國家旅遊局批准。

2. 發展

中國金鑰匙組織起步很晚，但起點較高，發展很快。在這一過程中，也在逐步創造出自己獨特的風格。

一是兼收並蓄，消化融合。中國金鑰匙組織自發展伊始，就努力把國際金鑰匙服務中的歐洲傳統、美國效率、亞洲人情相融合，並注入中國文化的內涵，以努力形成自己的獨特風格。

二是開拓進取，努力創新。中國自古以來就有輕視服務的傳統，迄今為止，並未有根本的改觀。目前，我們在服務方面與國際先進水平的差距甚至大於在科技、工業等方面的差距。但是，因為大家對一般化的服務已經習慣，又缺乏定量的指標比較，所以迫切感和危機感沒有那麼強烈。在服務意識普遍不強、服務經濟普遍落後、服務產業素質普遍不高的現狀中，飯店成為先導，率先向國際標準看齊，逐步向國際水平靠近。在這一過程中，中國飯店的金鑰匙既有發展的基礎和條件，又有發展的巨大困難，經過艱難的起步，中國的金鑰匙克服

了各個方面的困難，努力開拓進取，形成了一個全面創新的局面。

　　三是建立網絡性優勢，實行跳躍式發展。中國金鑰匙的發展，不但達到了國際上比較先進的服務水平，而且超越了傳統的金鑰匙概念，從一開始，就有意識地努力形成網絡化優勢。隨著知識經濟逐步大行其道，人力資源的價值越來越高，服務的本質也會發生變化。其中很重要的一點，就是要形成網絡性服務的優勢，也就是說，金鑰匙發展的過程中，群體性的優勢要越來越大於個人的優勢。在中國金鑰匙組織發展的過程中，從一開始就注重金鑰匙的布局、組織的完善和組織內部業務交叉網絡的形成，並且通過電子技術的手段，使網絡化優勢突出，這樣就實現了跨越性的發展。

　　總之，金鑰匙服務起源於歐洲，發展於美洲，興旺於亞洲，目前已經落腳於中國，最終也會光大於中國。

三、金鑰匙精神

1. 引入國際理念，推廣國際模式

　　金鑰匙服務是一種國際性的理念，對於中國而言，又是一種新的理念，引入這種理念並使之發揚光大是中國金鑰匙組織的光榮任務，也是全行業的共同任務。二〇〇一年一月，在廣州召開的第四十七屆國際金鑰匙組織會議的宣傳口號是「給世界一個驚喜」，具體來說，就是飯店金鑰匙將給住店的客人帶來驚喜，成為飯店特色化、個性化服務的代表。飯店金鑰匙將給社會大眾帶來驚喜，成為二十一世紀飯

店對外綜合服務的總代理；飯店金鑰匙將成為信息網絡時代的寵兒，成為旅遊綜合服務的代理終端。

這種理念的基礎是中國飯店業已開展多年的規範化和標準化服務，這種理念的發展是特色化和個性化服務。另一方面是推廣國際模式。金鑰匙服務從組織機構、服務理念到操作方式，都已經形成了一套比較完整的模式。這套模式也是國際化的，尤其是為國際上經常出差旅行和對服務要求比較高的客人所普遍接受。來自世界各國和國內各界的客人，進入飯店大堂如果看到金鑰匙，或是眼睛一亮，或是浮現親切的笑容，心中自然產生信任感和親切感，這就是家的感覺，但又要勝過家的感覺。

在發展中，這套模式本身也在逐步規範化，但在規範化的模式中包容的卻是特色化和個性化的服務。因此，模式的完整引入和全面創新就成為下一步更為艱巨的過程和任務。

2. 樹立市場形象，開拓市場空間

金鑰匙已經成為世界性的知名品牌，其無形資產的效應應該是長遠的。在飯店市場競爭激烈的今天，金鑰匙對於樹立飯店在市場上的形象起到了重要的作用。它不但體現了飯店的服務形象，而且提升了飯店的檔次，使飯店在市場上具有更強的競爭能力，因此，自然而然開拓了飯店的市場空間。

金鑰匙的功能是多方面的，不僅是以服務為主體的功能，而且公關功能、促銷功能也都是普遍存在的。很多客人因為飯店有金鑰匙服

務，之所以選這個飯店；很多回頭客都是因為金鑰匙的服務本身使客人產生了良好印象而再次甚至多次入住飯店的。

3. 提高服務質量，推動行業發展

金鑰匙不是孤立的，一個飯店沒有好的服務基礎，就不可能產生金鑰匙。另一方面，金鑰匙的產生則會進一步帶動飯店總體服務質量的提高，兩者之間形成了一個相輔相成、互相促進、共同提高服務質量的良性機制。進一步說，一個城市如果有幾個飯店設立了金鑰匙，對於整個城市形象的提升也會起到重要的作用。如果在國內的主要商貿城市、旅遊城市、沿海開放城市能夠形成更加完善的金鑰匙網絡，再進一步向內地推廣，整個飯店行業的水平也會有一種質的提高，在形象上也會更加突出，從而推動行業的總體發展。

4. 形成廣泛影響，拉動社會進步

金鑰匙在發展過程中，不僅能夠在飯店行業產生相應的作用，進一步形成廣泛的社會影響，拉動社會總體服務質量的提高。從國際角度來看，中國金鑰匙組織的發展，提高了中國在世界旅遊業中的地位，體現了中國旅遊發展的水平，也壯大了世界金鑰匙組織的隊伍，從而使世界與中國的距離拉得更近。

5. 金鑰匙的四個層次

第一，一個崗位。從飯店的組織結構和管理體制來說，金鑰匙只是一個崗位，是飯店前廳部禮賓司。從管理層次上來說，充其量只能算作飯店的中層管理人員。但是，金鑰匙與其他管理人員的最大區別在於不僅是處在管理崗位上，更重要的是出現在一線經營和服務崗位上。服務的到位，就創造了經營的職能；經營的凸現，又進一步推動了服務的到位。因此，這個崗位級別雖然不高，但作用是十分突出的。

第二，一種標誌。一個飯店有金鑰匙，就是飯店服務水平的一種標誌，也是飯店形象的一種標誌。中國金鑰匙組織的成立，就是中國飯店服務水平在世界上的一種標誌。廣而言之，隨著金鑰匙組織的擴展，實際上也標誌著中國的飯店業進入了國際水平。多年來我們一直講和國際慣例接軌，接軌的隱含概念就是人家先進我們落後，所以我們要不斷地趕。金鑰匙組織的成立和發展，標誌著中國的飯店業已經不完全是接軌的概念，而是進入了國際水平。隨著金鑰匙跳躍式的發展，我們在某種程度上或某個方面還有可能超越一般的國際水平，達到國際先進水平。

第三，一個網絡。網絡性是飯店金鑰匙服務的最大特點。中國飯店金鑰匙的發展，基本上是點陣擴張式，即通過在中心城市的中心飯店，發展條件成熟的人員加入中國飯店金鑰匙組織，然後再向其他地區輻射，並以中國飯店金鑰匙總部為中心，逐步形成服務網絡。網絡的形成是現代飯店金鑰匙區別於傳統飯店金鑰匙的重要特點之一，它使一般的委託代辦服務起了革命性的變化。金鑰匙的網絡性服務，實

現了傳統和現代的結合。利用高科技手段為客人服務，是國際金鑰匙組織近年來一直在研究的課題，但網絡服務的概念，是中國金鑰匙最先提出來的，可以說，這也是中國飯店金鑰匙組織對國際金鑰匙組織發展的貢獻之一。

第四，一種事業。金鑰匙的產生和在中國的發展，把簡單的服務崗位和服務職業提升到了一種事業的高度，這就是追求極致，達到盡善盡美的個性化服務。任何一件事情或者一項工作，只要追求極致，就會進入化境。庖丁解牛，不過是一屠夫之舉，但其中所蘊含的美感卻影響了兩千年。技高近乎藝，欲極達於境，藝術和境界的結合，就超越了日常的瑣碎和平庸，成為一種新的人生境界，這就是中國金鑰匙的全新理念，在客人的驚喜中找到富有的人生。這種富有，首先是精神的富有，擁有不斷的追求；其次是知識和技能的富有，不斷地豐富自己；再次是朋友的富有，友緣的不斷擴大；最後才是物質的富有。在金鑰匙的理念中，自身財富的追求，不僅僅體現在物質上，而永遠更多地體現在追求中。追求是一個過程，正如數學中的極限概念一樣，極致也是一個始終在逼近但永遠不能窮盡的目標。由此，金鑰匙不是簡單的工作技能的標誌，而是一項永無窮盡的事業。

概括而言，金鑰匙精神可以稱為「一個中心、兩個基本點」。

一個中心，就是人本主義精神。人本主義精神的產生，是人類思想史上的根本性革命。歐洲的文藝復興運動是人本主義的啟蒙，由此以降，近代史上和現代史上的每一次經濟和政治革命，無不是人本主義的一次又一次的解放。折射到飯店的經營和服務領域中，自然就必須以人本主義精神為根本。飯店文化性競爭的根本體現也

同樣是人本主義精神，以人為本，尊重人的尊嚴，滿足人的需求，也必然是飯店服務的最高層次的金鑰匙服務的根本體現。

兩個基本點，就是無微不至的精神和無所不能的精神。無微不至是起點，無所不能是終點；無微不至是理念，無所不能是手段；無微不至是態度，無所不能是結果。通過這兩個基本點以及所引發出來的具體操作過程，才使人本主義精神得以在飯店服務領域最大限度地弘揚和發展。

四、金鑰匙服務的困難與經驗

十八年歷史坎坷，做任何事都很難，難不重要，沒有困難的事情幾乎是不存在的，或者說在現在浮躁、缺乏道德底線的社會狀態之下，做壞事很容易，做好事很難。堅持做十幾年的好事更難，還要堅持再往下做幾十年恐怕更難。

1. 環境之難

中國服務業大的難點就是不入主流、不在位置，歷史上就缺乏服務傳統，缺乏服務文化。改革開放以來迅速轉換到了經濟膨脹階段，在以工業化為主題的過程中，服務業始終沒有位置。所以，這三十年以來國務院發過三次關於加快服務業發展的文件，幾乎沒有效果。在這種環境之下，金鑰匙不但能站住腳，而且能發展起來，可見這裡的困難。第二個環境之難就是飯店業的難點，這麼多年以

來飯店業大體上就是市場不急、服務不重，尤其在二十世紀九〇年代，大家日子都過得下去，覺得可以，沒有在服務業上下功夫的動力。當然，隨著市場波動，市場的危機越來越重，逼得大家對服務的要求越來越高，之所以星級標準這麼多年還能走下來，這是一個主要原因。

2. 操作之難、技術之難

首先是人際的難點。不同的領導有不同的看法，當年感覺到這條路走不下來，但是都過來了。另一方面就是運作的難點。機制需要摸索，很多人認為可以參照國際金鑰匙組織的機制來運作，實際上並不盡然，必須要有自己的創造。資金方面的困難更大。這些難點很多都是技術性的難點，這些技術性的難點需要一個一個克服，但是說到底不是不可克服。

3. 創新之難

世界金鑰匙組織嚴格地說是一個服務性組織，而且是一種中世紀行會式的組織，一方面這是歐洲幾百年積澱的服務文化的傳統，這種傳統是非常優秀的，所以他們很多東西我們到現在並不理解。但另外一方面，如果我們跟著他們的機制和模式，可能走不下來。我們不可能等著我們的服務文化積澱幾百年再搞，所以這就要求創新。客觀來看，中國在創新這方面文章做得很大，而且做得很好，打破了世界金鑰匙組織的一些傳統，採取了一系列的創新行為，而且這種創新行為

是全面的，構造了中國的創造、中國的引領。在國際組織裡中國能夠發揮這麼大作用的不多，在服務性組織裡中國能發揮這麼大作用的沒有。這種引領作用就意味著中國處在前沿，處在高端，這一點不能看輕了，這是中國將來各行各業各個領域的發展方向。

4. 戰略之難

模式創造、市場開拓、組織發展、服務提升。就現在而言，組織發展相應來說比較順利，但發展不宜太快，不宜太猛，要經常回過頭來穩一穩。市場開拓仍然要做，網絡在發揮作用，雖然現在量還不大，但是之所以在電子商務、旅遊網站如林的情況之下，這個網站還能做到這一步，就說明了特殊優勢。電子商務的發展是爆炸式的增長，從市場開拓角度來說也有了一個非常好的開端。難點在於服務模式的創造和提升，所以，中國金鑰匙現在面臨的最大難點就是戰略之難。

5. 經驗

第一，借雞生蛋。我們藉著世界金鑰匙組織這隻雞生了這麼一個蛋，應該說這個蛋生得還是挺巧妙的，這裡也涉及了一系列的問題。比如作為一個組織架構，如何運作，這個組織架構本身的法律地位、身分如何定義等，但是畢竟生出來了，而且大家都說好，沒有人反對這個事，尤其是在中國召開了兩次世界金鑰匙大會。

第二，鍥而不捨。做任何事情，哪怕就做一件小事，沒有鍥而不

捨的精神也休想成功。有很多事情覺得難，但是如果能有這樣一種態度，任何事情都不難。反過來，如果沒有這種態度，沒有困難都會變得有困難，所以這種鍥而不捨的精神是應該長期發揚的精神。

第三，執行團隊。要有一個比較強的執行團隊，形成比較強的執行能力，當然這個執行團隊也有磨合的過程，也有摸索的過程。但是，總體來說這樣的執行團隊培育了一種運作的方式，也培育了一種運作的精神。

第四，擴張推進。這種推進不是一般化的推進，不是自然而然地推進，而是擴張性地推進，所以才能達到今天這樣的規模。

第五，制度建設。在制度建設方面，大體上分為兩個階段：第一個階段是忙著辦事，第二個階段是在制度建設上真正下功夫。一個長治久安的機構沒有好的制度是不可能的，制度是完全創新的制度。

第六，借蛋壯雞。金鑰匙發展起來了，產生了一個在中國各行各業領先的概念，而且在一個國際組織裡真正發揮了作用，當然現在還不能說是主導性作用，但是至少引領性的作用是發揮了。

第七，理念持續。金鑰匙理念體現得非常充分，現在已經深入人心，而且這樣一套理念之所以能夠持續，就是因為這是人的理念，是為了人的理念，是成為人的理念。

第八，利益共融。利益共融是制度建設的根本，也是長期發展的根本。當時設想金鑰匙酒店聯盟的時候，就傾盡全力要使聯盟成員覺得確實有收穫，有些東西現在能力達不到但是心要達到。不管是金鑰

匙本身還是金鑰匙酒店，參加這個事，就要覺得有好處、有利益。所以，從這樣一個角度出發，自然而然地構造了利益共融的機制。當然，也有很多東西不夠理想，也有一些人會有一些意見，這都是技術性的問題。

中國金鑰匙的發展，歸納起來是這八條經驗，這也是一個操作過程，也是積累的一些經驗，這些經驗還需要進一步提升。提升就確實需要服務哲學，下一步還不僅是服務哲學，還需要企業經營哲學這樣的概念。

五、金鑰匙體系創新

1. 現狀

（1）品牌創建。以品牌促發展，兩屆世界金鑰匙年會、奧運會，包括網絡化服務理念、數字化委託代辦，實際上不僅傳承了傳統的世界金鑰匙組織的品牌，在一定意義上也在創建新的品牌。

（2）體系建設。金鑰匙服務已經構成了一個比較完整的體系，至少從規模擴張的角度來說繼續擴張、擴大。但是不宜擴張太快，需要好好總結一下成在哪裡，敗在哪裡，總結出來了，下一步究竟怎麼走也就明白了。

（3）拓展推進。金鑰匙酒店聯盟，這種拓展推進就是一個創舉，就是藉助國際品牌然後延伸到共同運作的層面。這樣的規模超出

了預想，關鍵的一點是需要研究成員的滿意度。百分之百的滿意、絕對的滿意是不可能的，但是至少大家覺得在這裡有收穫，產生了效益。當初對這些事情也做過很詳細的市場分析，比如哪一類的企業積極性會更高，哪一類的企業可能積極性不夠高，現在看起來大體符合。所以，這裡也同樣是這個問題，不宜太急，往往我們做事出錯，就錯在太急，如果能夠沉穩一點，可能最終的速度反而會快一點。

（4）金鑰匙網絡預訂。金鑰匙網絡預訂構造了電子網絡和實體網絡相結合的格局，現在只是一個開端，但是有了這個開端就會有結果。在現在這種市場形勢之下，金鑰匙網絡預訂還能走到這一步，這就得益於金鑰匙的實體網絡作用支撐電子網絡這種特殊優勢的發揮。

（5）金鑰匙物業聯盟。這也是創舉。

（6）國際金鑰匙學院。這是一個以人為本的做法，更看重的是成長，既包括金鑰匙本身的成長，也包括金鑰匙酒店的成長，更包括總經理的成長，這又可以說是一個戰略之舉。

（7）金鑰匙基金。金鑰匙基金有情有義，體現一種遠見，這種遠見也恰是金鑰匙這一類組織的特點，隨著這類組織的發展，就會延伸出這麼一個東西。

2. 評價

（1）國際經驗中國化，中國經驗國際化。現在來看，國際經驗中國化已經消化落實得比較好，中國經驗國際化也已經有了開端，尤

其在金鑰匙這個領域，不僅僅是開端，該發揮的作用已經發揮得比較充分了。這實際上代表著、預示著將來很多領域的發展都應該走這條路。但是國際經驗中國化，要逐步轉為中國經驗國際化。文化性的東西應該是潤物細無聲的過程，中國的一些運作經驗、一些組織架構、一些理念，也應該形成這麼一個過程。

（2）創新拓展。第一是從老到青。國際金鑰匙組織基本上是以老服務員為主，風度翩翩、白髮蒼蒼，中國不同，是俊男靚女，這大概恰恰反映了發展中國家的特點。第二是從窄到寬。原來金鑰匙只侷限在酒店一個服務崗位，現在做了一大堆花樣出來，而且除了這些花樣以外，機場的金鑰匙服務也在摸索，醫院的金鑰匙服務也在摸索，實際上整個領域越來越寬，就意味著除了在國際金鑰匙組織發揮相應的作用之外，更重要的就是在中國的服務產業裡發揮什麼樣的作用。第三是從個人到網絡。金鑰匙本來就是個人化的組織，現在形成了網絡。第四是從服務到運營，金鑰匙本來是一個單純性的、服務性的、個人性的組織，現在轉化成了一個既包括服務，又包括運營的組織。這種創新拓展都不是小事，這都奠定了下一步發展的基礎。

（3）組織的力量。品牌作用、理念作用、標準作用、榜樣作用、中心作用、聯盟作用等，這實際上就體現了組織的力量。這種組織的力量超越了單純的服務，實際上是新型機構的運作，是一種新型組織的培育。這種新型組織既有相應的公益性又有相應的商業性，又有相應的成長性。這一類的組織不太多，要在國內找一個和這個相對應的組織還真不太好找，但是組織的力量現在已經開始顯現了，而且力量會越來越強。

（4）個人的發展。個人的發展是金鑰匙的特點，金鑰匙說到底是個人性的組織，個人性的組織有充分的個性化的體現，但是需要機制化的建設。正是這樣的一個特點，才可能產生金鑰匙基金這樣的事情，實際上這是一個組織的特點，決定了必須往這方面延伸。作為個人性的組織要發揮組織力量，但是基礎又是個人性，不是行政性、官方性的東西，所以這兩者之間的結合是非常難把握的。這不像金鑰匙酒店聯盟，酒店聯盟是一個聯盟，對應企業，相應來說個人的感受沒有那麼強烈，但是金鑰匙個人就不同，所以這裡確實涉及這些關係。

（5）競爭。金鑰匙也有競爭者，主要是這麼幾類：第一是泛競爭推動提升，因為現在大家都追求服務品質的提高，一定意義上就把原來高品質服務的含金量往下降了一點，但這不是壞事。第二是直接競爭推動深化，比如各類酒店聯盟，對金鑰匙酒店就是一種衝擊，這種競爭也不是壞事。對手從來都是最好的老師，我們如果能夠把對手研究出來，研究到位了，自己自然就提升了，有人在後面老推著自己，肯定會往前，所以有競爭對手絕不是壞事。

另外一個概念，真正影響自己成長的因素就是自己，金鑰匙必須是一個學習型組織，只要有學習能力，就不怕競爭。所以，市場上的這些東西並不重要，重要的是研究一下人家為什麼要跟我們競爭，至少有一點，我們值得競爭，值得成為人家的對手，這應該是很榮耀的一件事情。以前沒有人和我們競爭，那時候沒有人知道金鑰匙，現在不同了，所以不必急，要從容，但是需要研究進一步的發展。

總體來說，過去的十八年叫作創造歷史，勇攀高峰；未來的十八年乃至百年應該是開拓未來，造福大眾。不是說強調高端服務和大眾

就沒有關係了，恰恰因為引領高端服務，所以就會提升中國服務業的整體水平，這同樣對大眾是一種福祉。所以，這裡就需要有百年心態，建百年老店。費孝通先生曾經有一句名言：各美其美，美人之美，美美與共，天下大同，應該成為金鑰匙的獨特之論，創造共同的未來。

（2013 年 7 月 6 日原文略有刪減）

第四部分

實踐篇

中國金鑰匙組織年會主題報告

孫東

中國金鑰匙組織主席、創始人

金鑰匙國際大聯盟 創始人

第一章

中國金鑰匙
奔向二〇〇〇年

（第一屆，1995 年 11 月）

第一屆中國酒店委託代辦研討會到現在已告一段落，借此機會，我想總結一下我們這次大會的情況。首先為這次大會得到大家的支持，我代表廣州各酒店的 concierge 表示衷心的感謝，沒有大家的到來就沒有第一屆中國酒店委託代辦研討會的召開；其次，要感謝白天鵝賓館總經理楊小鵬先生及賓館管理層，白天鵝從化培訓中心酒店的管理人員和員工，沒有他們的支持和幫助，這次會議就不會開得順利，最後，感謝不遠萬里到中國參加我們會議的 Mr. Tony，中國大酒店 Mr Akram Touma 和中國大飯店 Ha 按任意以及 Mr. Louis Balera 為首的香港區代表，新加坡應得回集團的周莉小姐等。你們對大會的重視，為我們的會議增色不少，並增強了我們今後做好委辦服務的信心，下面我想談談此次會議的一些收穫。

　　1. 此次大會使我們有機會與國際酒店委託代辦同行交流工作經驗，在理論上填補了我國酒店業在 concierge 服務中的不足。

　　2. 比較全面地了解世界金鑰匙組織發展情況及國內金鑰匙發展情況。

　　3. 與各地區同行建立了友誼、交了冊友，建立了金鑰匙組織的聯繫。

　　4. 宣傳了世界金鑰匙協會組織。

一、體會

　　此次大會有了一個好的開端，我們得到大多數酒店的管理層支持，特別是像中國大飯店等酒店都派出房口總監或前台部經理參加，而看看我們中國的同行 concierge 都比較年輕，顯示出我們的未來充滿朝氣，我想通過大會討論演講及觀看上屆金鑰匙年會的錄像，大家對金鑰匙組織及其作用已經有了一個感性認識。由悉尼同行們組辦的四十二屆金鑰匙年會的成功，充分顯示了悉尼金鑰匙組織潛在的實力與堅實的社會關係基礎，既體現了各金鑰匙的效率和實力，又推銷了各自的酒店及旅遊設施，而且通過會員們的工作交往，可以看出金鑰匙內部之間是互相關照、幫助，建立友誼，並服務於客人的，而我認為這一類的服務恰恰比較適合於商務旅遊客人及特殊客人服務，能使酒店的服務變得更細緻周到和高質量。通過與各代表的討論及聽取有關代表的演講，我有以下幾點深刻體會：

　　1. 一個酒店委託代辦發展的好壞，其基本決定因素是管理層是否理解和支持。

　　2. 委託代辦的運作成效來源於其有效的組織結構和有經驗的員工。

　　3. 委託代辦工作中最主要的問題是與管理層溝通的問題，他們的關係好壞決定了委辦服務總體工作的好壞，以及給客人的印象。

　　4. 委託代辦的工作需要更多方面的知識培訓和人際交往。

　　5. 二十一世紀委託代辦必將在酒店中扮演重要角色，它是酒店管

理層的好幫手，它解脫了管理層許多的麻煩事，負責與周邊社團、各階層、各方面的關係，這種關係同樣可延伸到為酒店賓客關係服務方面，提供帶個性的高素質的服務，與客人建立友誼與信任，這種關係使酒店產生了帶著親情的服務，同時也將扮演酒店銷售部門重要協助者的角色。

二、建議採取的步驟

1. 首先完善委託代辦的基礎建設與培訓，爭取提高委託代辦金鑰匙的工作質量和水平。

2. 為推銷酒店方面做點實際的工作，爭取得到酒店管理層理解與支持。

3. 多與周邊酒店的委託代辦及世界金鑰匙組織各成員加強聯繫，溝通情況並進行有效的合作。

各位朋友，委任代辦不是簡單的一項工作，而是具有美好前景的事業，但美好的東西都要靠我們付出心血和熱情去爭取，讓我們共同努力使中國的金鑰匙在下個世紀的酒店業中散發出更耀眼的光芒。

第二章

中國金鑰匙發展
回顧與新世紀展望

（第五屆，2000 年 11 月）

中國飯店金鑰匙組織從一九九五年十一月開始籌備至今共五年了。五年來，中國飯店金鑰匙組織由小到大、由起步到合法註冊，取得了可喜的發展。今天，讓我們一同來回顧中國飯店金鑰匙的發展歷程。飲水思源，我們每一個金鑰匙都應該清楚地知道，飯店金鑰匙服務在中國的出現，最早是由著名愛國人士霍英東先生倡導引入白天鵝賓館的，國際金鑰匙組織榮譽會員——廣州白天鵝賓館楊小鵬總經理為此傾注了大量的心血，在第一屆中國飯店金鑰匙服務研討會上，他首先建議我們抓住時機發展中國飯店金鑰匙服務事業。創立中國飯店金鑰匙服務品牌，同時，國家旅遊局各級領導和中國旅遊飯店業協會領導對發展中國飯店金鑰匙服務投入了大量的精力，給予了大力的扶持和指導，人民日報社記者鄂平玲女士以高度的責任感和職業準則對金鑰匙這一在中國新生的服務理念和服務實踐進行跟蹤報導。在新聞媒介廣泛宣傳下，中國飯店金鑰匙服務事蹟引起了同行業及社會各界的重視。中國飯店金鑰匙的發展狀況也開始被國際飯店金鑰匙組織重視，特別是從一九九五年起，國際飯店金鑰匙組織主席非常關注中國飯店金鑰匙組織的成長，並積極地支持中國飯店金鑰匙的發展，國際飯店金鑰匙組織歷任主席和秘書長都來過中國參加我們的研討會，介紹國際飯店金鑰匙服務的發展和經驗，與國內的同行廣泛地進行交流和座談。第一屆廣州舉辦飯店金鑰匙服務研討會，有二十六人參加，其中有七名金鑰匙會員；第二屆北京舉辦飯店金鑰匙服務研討會有六十四人參加，其中有二十三名金鑰匙會員；第三屆南京舉辦金鑰匙服務研討會有一百零一人參加，其中有三十四名金鑰匙會員；第四屆大連舉辦飯店金鑰匙服務研討會一百二十人參加，其中有六十八名金鑰匙。到今年，在長沙舉辦的第五屆二〇〇〇年飯店金鑰匙年會也得到了各大飯店管理層的響應和總經理們的全力支持。

一九九七年，中國申請加入國際飯店金鑰匙組織，成為國際飯店金鑰匙組織第三十一個成員國。二○○○年一月，在國家旅遊局、中國旅遊飯店業協會和廣州市政府的高度重視和精心組織下，在廣州市成功地舉辦了第四十七屆國際飯店金鑰匙組織年會。此次年會，無論在組織、接待、服務等方面，再一次展現中國飯店精緻的服務魅力，獲得了國際飯店金鑰匙組織各成員國主席最高的讚譽，並對國際飯店金鑰匙服務理念在中國得到發揚光大寄予了厚望。隨著時代的發展、社會的進步，在這新的歷史時期，如果有人懷疑金鑰匙在中國會不會發展成功？回答應該是：中國飯店金鑰匙發展沒有理由不成功，因為它擁有一個「滿意加驚喜」「在客人的驚喜中找到富有的人生」的崇高服務理念，得到了一切關心旅遊飯店事業的各級政府和領導的支持，得到廣大飯店總經理的關愛和支持，得到廣大賓客的歡迎，每一個金鑰匙都為實踐金鑰匙服務理念和精神而不斷的努力工作，創造了一個又一個美好的服務故事，兩把交叉的金鑰匙正在發出更加燦爛的光芒，廣大追求服務創新的飯店員工為之而奮鬥著。

　　一九九八年的十二月，在何光暐局長的親切關懷下，中國飯店金鑰匙組織被國家旅遊局批准成立，劃歸中國旅遊飯店業協會指導，並作為中國旅遊飯店業協會下屬的一個專業委員會。一九九八年八月呈報中華人民共和國民政部審批，二○○○年一月國家民政部正式下文批准中國飯店金鑰匙組織註冊登記。二○○○年十月中國飯店金鑰匙組織已註冊，登記正式辦理了合法組織的全部手續。到今天，中國飯店金鑰匙組織已發展到五十個大中城市，一百五十家高星級酒店裡共有兩百名金鑰匙，這支逐漸成長的飯店服務群體正在創造著更新的服務奇蹟。

五年來的歷程，所有了解中國飯店金鑰匙發展情況的朋友都知道，這一切來得是多麼的不容易啊!飯店金鑰匙服務在中國的發展凝聚著多少領導、朋友、老師、記者、家人和酒店同行的辛勞、勤奮、淚水、汗水、興奮和鼓勵，各地旅遊局、飯店協會和各飯店的總經理及金鑰匙會員積極地支持配合總部開展金鑰匙培訓工作。二〇〇〇年我們共舉辦了十三期培訓班，送教上門，有來自全國各地酒店六百多名服務管理人員參加了培訓班，並獲得了飯店金鑰匙資格培訓證書。中國飯店金鑰匙組織的發展正一步一步地邁向成功，中國飯店業已到了一個新的發展階段，二十多年來飯店發展經歷告訴我們，中國飯店服務太需要個性化服務品牌了，服務業需要一種貼近服務人員生活的服務理念，這樣才能從根本上提高服務水平，中國的飯店在硬件方面已經趕上了國際水平，我們的個性化服務也要達到或超過國際同行水平，這是時代賦予我們這一代酒店服務管理人員的歷史使命。

　　面向新的世紀，中國飯店金鑰匙組織正在積極地準備去完成這一光榮而又艱巨的任務，我們深深懂得國際飯店金鑰匙組織這七十年歷史的服務品牌所蘊藏的內涵和價值。它將幫助我們的會員飯店快速地走向網絡化、個性化、專業化和國際化的世界酒店新的發展格局。

　　為了以上的發展目的，經國家旅遊局各級領導的幫助，中國飯店金鑰匙組織與有「中國旅遊業的黃埔軍校」之稱的中國旅遊管理幹部學院合作成立國際飯店金鑰匙組織中國培訓基地。深化金鑰匙服務理念的推廣和結合國情的發展。在全國服務業、旅遊業、飯店業推廣金鑰匙的服務理念、管理理念、經營理念，為中國的服務業、旅遊飯店業輸送更多更好的服務管理人才，為金鑰匙會員飯店培養一批備受客人歡迎的優秀金鑰匙。

隨著中國飯店金鑰匙組織的發展，我們將不斷完善中國飯店金鑰匙組織總部服務功能，依照國際飯店金鑰匙組織要求和中國飯店金鑰匙組織章程嚴格進行對會員的考核和發展工作，長期以來我們強調的是重質量不重數量，通過五年的實際工作經驗總結，我們認識到「金鑰匙」的質量首先 體現在是否有一個客人信賴的金鑰匙服務團隊和酒店綜合服務的管理上，而建立這樣的團隊就需要總經理的直接參與，這樣金鑰匙的質量才會上去，才能帶動飯店的服務鏈重組，飯店的金鑰匙服務品牌才有了根本的保證。所以我們將發展飯店禮賓部擁有三位以上的金鑰匙成員飯店，按照國際標準制定嚴格的評核制度，使其發展成為國際飯店金鑰匙組織會員飯店。

中國飯店金鑰匙組織還將加大宣傳力度，由總部統一向高檔的商務旅遊客人宣傳具備金鑰匙服務的飯店：如辦好 ZOOM CHINA 會刊、遊客出行示意圖、會員酒店名錄等，我們還將擴大對會員及成員飯店的培訓、信息交流、專題研討和市場推廣等服務範圍，定期組織專業對口活動等。希望在金鑰匙成員飯店的基礎上逐步發展中國飯店金鑰匙組織會員飯店，形成中國飯店業最大的服務連鎖集團。

我們還將繼續與所有支持金鑰匙發展的公司合作，我們在這兩年來一直不懈的努力嘗試建立前所未有的中國旅遊飯店服務協作網絡，建立中國飯店金鑰匙組織計算機服務與客源預訂網絡。此項工作意義重大，任重而道遠，我們要有充分的耐心和遠見，才能把我們組織的這個最具商業價值的品牌資源利用好。我們相信，金鑰匙的明天會更好！

第三章

加入世貿組織與
中國飯店金鑰匙網絡聯動

（第六屆，2001 年 12 月）

二〇〇一年，在社會各界、行業領導和各位總經理的大力支持下，在全體金鑰匙會員的協作努力下，金鑰匙組織不管是在人員素質上、服務理念貫徹上，還是在服務領域拓展方面都有了進一步的飛躍，部分地區的區域性組織建立和完善起來，一些飯店的金鑰匙服務得到了非常全面的推廣，感人的案例和事蹟層出不窮，會員之間協作更加緊密，社會各界的認同度不斷增加，金鑰匙的品牌優勢得到了有效的發揮。值此金鑰匙組織年會召開之際，請允許我代表中國飯店金鑰匙組織對支持和幫助金鑰匙組織發展的各位領導、專家、同行們表示衷心的感謝！在看到成績的同時，我們也要清醒地認識到當前形勢的嚴峻和任務的艱巨。二〇〇一年，隨著信息時代的來臨，中國飯店加入 WTO 所面臨的行業競爭，國外集團對國內市場的衝擊，申奧成功所帶來的市場契機等，都給飯店業帶來了新的機遇和挑戰，從這個意義上講，二〇〇一年的金鑰匙年會是一次具有歷史性意義的年會，這需要我們各位行業領導、業內同行正確認識時代賦予我們的使命，在飯店業市場競爭日益加劇的今天，加強合作、促進交流，謀求共同發展！

一、中國飯店業當前面臨的三大機遇

　　當前，中國飯店業所面臨的機遇包括國際旅遊、國內旅遊和飯店三個主要市場所帶來的歷史性機遇。

　　其一，國際市場帶來的新機遇。就國際市場而言，按照世界旅遊組織的調查報告預測，到二〇二〇年，中國將成為世界第一大旅遊目

的地，年接待入境旅遊者一點三七億人次，這意味著今後十九年中，中國入境旅遊人數的年平均增長率將達到 8.4%，將比世界旅遊業的整體增長速度快一倍；在出境旅遊方面，預計屆時中國出境旅遊會成為世界第四名，即二〇一〇年，旅遊收入將達到國內生產總值的 8%，從而確立旅遊支柱產業的地位。而現在還不到 5%，也就是說，今後十年旅遊產業要翻兩番，大體每年要保持 12% 的增長率，如果達不到 12% 的增長率，我們規劃的目標就實現不了。作為旅遊產業支柱行業的飯店業市場，在今後相當長的時期內必將有一個穩定的擴張時期，市場需求量也將隨著旅遊業的發展而不斷擴大，將隨著中國加入 WTO 之後形成的契機不斷擴大。

其二，國內市場帶來了新機遇。一九九九年年底，中央提出西部地區大開發的戰略決策，伴隨著西部開發的升溫，大批商務客人和旅遊客人源源不斷地擁入西部，進一步促進了飯店市場的供給和需求。由此可以預見，中國在二十一世紀初出現的西部開發熱潮必會像二十年前在中國東南部出現的對外開放熱一樣，給中國的國民經濟和旅遊飯店業帶來新的生機，並將為中國飯店集團化發展提供歷史性的機遇。

其三，飯店市場帶來了新機遇。就飯店業市場本身而言，還擁有巨大的潛力：一大批隸屬於各大黨政機關或交通、民航、金融等系統的飯店被同時推向市場，並正在經歷著其他飯店在改革開放初期經歷過的巨大轉變，他們迫切地希望加入飯店集團，早日分享「規模效應」與「區域經濟」帶來綜合的回報，早日融入世界一體化的經濟大潮中，這也為中國飯店集團化發展提供了千載難逢的機遇。隨著集團化管理的優勢已被越來越多的業內人士所認同，中國旅遊飯店業出現

了自發的集團化需求。因此，飯店業市場潛力巨大，發展機遇前所未有。

二、中國飯店業面臨的三大挑戰

看到機遇的同時，我們應清醒地認識到：機遇能否把握？旅遊飯店的市場空間能否被我們所占有？這尚是一個疑問。

1. 國際飯店集團對中國市場的強烈衝擊。從一九八二年半島集團管理北京建國飯店開始，一批國際飯店集團相繼登陸中國市場，國際飯店集團藉助統一的國際知名品牌、統一的管理模式、統一的廣告宣傳和預訂網絡，幾乎壟斷了各大、中城市的高檔客源市場。如今在國內管理多家飯店的就有萬豪、香格里拉、希達屋、希爾頓、凱悅等十九家國際飯店集團。在第一階段的決戰中，國外聯合控制了絕大多數的商務市場，取得了階段性的勝利，一九九八年到二○○一年，世界前二十位的酒店集團以每年平均 6.4％的速度快速擴張，且呈愈演愈烈之勢。隨著市場需求發展的成熟，敏感的境外酒店管理集團已展開了國際品牌向中國市場的擴張，美國 Cendant（聖達得）旗下的 Days Inn（天天）、Howard Johnson（豪傑）、Ramada（華美達），英國 Bass（巴斯）旗下的 Holiday Inn Express（假日快運）、Accor（雅高）等集團已開始行動，使用其中檔酒店品牌在國內中檔酒店業搶灘市場。相比之下，國內一小部分高檔飯店雖列在跨國飯店管理集團名下，但近些年成績卻不甚理想，至於不少地方政府或行業主管部門牽頭整合的酒店集團，更是由於酒店相對集中、品牌缺乏號召力和一致

性，經營權和產權的劃分等問題，很難形成一致的客源市場，這種鬆散的組織缺乏統一的品牌號召力和有力網絡合作，最後往往被強大的外方集團所沖垮。單兵作戰的飯店更是步履艱難，處於市場夾縫之中。

2. 知識經濟的挑戰。表現在兩個方面：一是人才爭奪戰的影響。在高度現代化的知識經濟社會裡，人才將成為企業競爭的重點對象，也將成為國際飯店集團繼品牌大戰之後的又一戰役，由此引發的世界性人才競爭必將對中國飯店業構成前所未有的挑戰。目前，中國旅遊飯店人才市場的現狀是熟練技工型人才（如餐飲、客房服務等）供過於求，經驗型管理人才（如部門主管，部門副職等）基本供求持平，而知識型的管理人才（如部門經理、副總經理等）則供不應求，嚴格意義上的職業經理人在國內飯店業嚴重匱乏，這種知識型管理人才供求失衡極大地影響了中國飯店的擴充發展速度，並將在不久的將來使中國飯店業在進入知識經濟時代處於更加被動的局面。二是互聯網絡對飯店發展的影響。入世以後，將有更多的境外人員進入中國，多數旅遊者是通過各種網絡進行飯店客房預訂的。目前，連接全球兩百多個國家六萬家飯店的全球最大飯店預訂網絡已經開通，而我國六十多個從事的網站，由於過於分散沒有形成規模和品牌，單體飯店之間的營銷系統、人力資源系統等沒有形成優勢的局面，造成客源分布得極不平衡。

3. 飯店業的發展趨勢對國內飯店同行提出了更高的要求。在產品轉化上從統一化向多元化過渡，從標準化向個性化轉變的特徵越來越突出；在服務發展上，總體呈四個方面發展，由傳統的從標準化、程序化、制度化、規範化到個性化、網絡化、專業化、國際化；在營銷

上，整體表現為網絡化、定製化、人性化、品牌化。這些發展趨勢都給中國飯店提出了新的課題。

新經濟、新飯店、新機遇、新挑戰，面對千載難逢的歷史機遇，在國外飯店集團咄咄逼人的攻勢下，市場銷售的各自為政、品牌名目的繁雜無序、複合型管理人才的嚴重匱乏、企業戰略的模糊不清等現狀我們如何解決？我們憑什麼競爭？我們靠什麼贏得入世後的挑戰？無疑，鑄造強強聯合的戰略聯盟是唯一的可行途徑。

三、建立金鑰匙飯店聯盟，打造中國飯店世界品牌

國外叫合併，中國叫集團化，時代發展的趨勢必然是飯店越來越多，飯店群體越來越少，法國雅高集團亞大總裁 David Baffsky 最近指出「合併是影響未來五年內酒店業市場的關鍵因素。」集團化是市場的需要，方式主要有四種：一是由地方政府整合在一起的酒店集團，優勢在於：資產有政府作後盾，資金實力強，但經營靈活性不夠，產品線過長，優良資產不多，跨區域發展難度太大；二是由一些聯誼性質自發組織的飯店鬆散聯盟，這種聯盟短期內發展迅速，但缺乏統一的品牌支持和一致的市場客源，實踐中很難操作；三是國際通用連鎖經營模式，通過全資擁有或輸出管理建立統一品牌、統一營銷網絡，發展穩健，深受高檔飯店歡迎，也是當前外方集團擴張的主要方式，但連鎖經營的門檻很高，不易在短期內形成市場規模，由於深度介入飯店的經營管理，不但會趕走或替代原來的酒店管理者，而且與業主

關係的處理，往往難度很大。因此，綜合考慮，採用第四種形式即特許加盟的形式，以金鑰匙品牌為核心，建立中國金鑰匙飯店是當前中國飯店集團化發展的較好途徑。

特許加盟是以國際知名品牌為核心，迅速擴張，提供一致的服務和經營理念。特許加盟在國外的發展已有悠久的歷史，特點是以市場規模達成規模效益，目前在國際上被廣泛採用，如世界最大的飯店特許加盟公司 Cendant 在全球擁有五千二百多家加盟飯店。對於加盟飯店來說，特許加盟最大的好處是資產、經營管理權和人事權的高度自主，可以享用全國性甚至全球性品牌和銷售網絡，並得到實力雄厚的外部支持，正好克服了中、高檔飯店在品牌、銷售網絡、人才戰略上的優勢。因此，理論界認為，這必將成為未來中國飯店集團化的主要趨勢。下面，關於組建特許加盟性質的組織——金鑰匙飯店聯盟，我談點發展思路。

（一）關於建立中國金鑰匙飯店聯盟的基本思路

在全國兩百餘家擁有金鑰匙的高星級飯店中篩選出當地星級飯店中最好或最有特色的三星級以上的飯店，這些飯店必須有三名以上金鑰匙會員，較好地貫徹金鑰匙理念和精神，並經中國金鑰匙飯店聯盟考核後可批准入會。具體步驟如下：

1. 為加強與國際接軌，創造中國金鑰匙飯店聯盟的國際影響，並得到國際金鑰匙組織的支持，在中國各大有金鑰匙飯店的總經理倡議下，註冊世界金鑰匙飯店聯盟有限公司（CKHW）。制定出金鑰匙飯

店的宗旨、目標、服務理念、經營理念、統一的服務標準等具體內容，對加盟飯店的申報、考核、入會、複查制定詳細可行性方案，統一發放給會員飯店作為經營管理的參照，以金鑰匙服務作為金鑰匙飯店的服務窗口，拉動飯店服務水平的提高和管理鏈的重組。運作方案從二〇〇二年年初推行，試行三個月正式投入使用，計劃到二〇〇三年，在國內粗具規模，在中國形成一定影響力。

2. 中國飯店金鑰匙飯店聯盟成立理事會，由成員飯店組成，定期召開理事會議，商議發展與合做事宜，並對世界金鑰匙飯店聯盟有限公司提出要求和建議，監督公司工作，總部將給成員飯店以品牌、客源、人才、諮詢、戰略發展等方面的大力支持。世界金鑰匙飯店聯盟有限公司設立董事會和經理層，董事會由業主加盟飯店業內二號家組成，行使公司重大問題的決策權，經理層則負責公司的日常事務管理。

3. 金鑰匙飯店以國內為初期發展地，篩選當地最有特色或最好的三星級以上飯店組成，金鑰匙飯店按星級組成以利於客源互補。原則上每個城市同星級同類飯店選擇一家作為金鑰匙飯店組織成員。

4. 金鑰匙飯店的加盟，由加盟飯店提出申請，世界金鑰匙飯店聯盟將派出飯店管理專家檢查考核，對飯店的管理服務綜合考評，嚴格按照有關章程經總部審批後方考慮吸納，組織實施進退自願和組織淘汰相結合的原則。

5. 聯盟建立後，統一品牌，統一標識，全面導入金鑰匙飯店專業的 CI 系統，對加盟飯店深入貫徹統一的服務理念，飯店之間以品牌和網絡為主要紐帶組成聯盟，加盟飯店現有的產權、經營權、人事權

不變，此項工作與聯盟的建立工作同步開展。

6. 世界金鑰匙飯店聯盟有限公司是具體運作金鑰匙飯店的市場機構，它將建立起強大的網絡預訂系統，連接國際飯店金鑰匙組織成員和加盟會員，形成客源豐富的預訂系統，實現加盟飯店真正意義上的客源共享、市場互補、利益共享，力爭成為中國服務最好的預訂系統網絡，為加盟飯店輸送客源並促進飯店之間客源的良好流動。

（二）金鑰匙成員飯店的責、權、利（略）

（三）金鑰匙飯店聯盟的具體運作步驟

依據以上三個方面的基本思路，圍繞「為金鑰匙飯店辦實事、為金鑰匙飯店造大聲勢、為金鑰匙飯店打市場」的指導思想，會鑰匙飯店組織將分三個階段開展工作。

第一階段是品牌推廣時期。對於所有金鑰匙成員飯店進行統一的 CI 設計，統一會徽、會旗、會歌等，飯店高層管理者將統一著金鑰匙服裝、領帶、襯衣，以統一的形象展示於社會；同時，金鑰匙飯店聯盟將印製統一的金鑰匙飯店宣傳名錄，收錄各成員酒店的名稱、地址、聯繫電話、金鑰匙成員等內容，以宣傳品的形式放置於各成員飯店大堂、咖啡廳及商務樓層等處，擴大對成員飯店的宣傳；在金鑰匙網站的基礎上，成員飯店之間將進行網絡友情鏈接，初步建立起良多的互利合作關係。此項工作計劃從二〇〇二年一月初開始，到年底基本完成。

第二階段是市場整合階段。利用前期的宣傳優勢、規模優勢和電腦友情鏈接等有利條件，成員飯店之間形成良好的同規模合作，即本地三、四、五星級飯店與異地的同星級飯店進行跨地域合作，形成客源的合理流動，成員飯店之間初步建立起品牌共享、客源共享、利益共享的合作關係；在成員飯店達到一定規模的情況下，總部將考慮為金鑰匙飯店建立統一的金鑰匙飯店預訂系統，定期為成員飯店輸送客源，從而推動各飯店效益的提升。

　　第三階段是與國際飯店接軌階段。金鑰匙飯店聯盟將根據發展情況，結合國際飯店業具體情況，統一擬定詳細的國際市場發展規劃，並完成國內金鑰匙飯店與國際飯店金鑰匙之間的網絡鏈接，擬定適合國際慣例的金鑰匙飯店市場開發細則，做好跨國度的合作，以國內金鑰匙飯店為基礎，向國外發展，以強大的規模優勢成為世界品牌，最終成為入世之後中國飯店業內最強大的聯盟群體。

　　通過以上思路的具體實施，以金鑰匙品牌為紐帶，以金鑰匙服務網絡為基礎，在金鑰匙飯店之間、在成員飯店內部的管理和服務方面、在成員飯店與賓客之間形成良性的互動關係，從而充分發揮金鑰匙的品牌優勢、網絡優勢和人才資源整合優勢，幫助聯盟飯店在顧客的心目中建立起高認知度的統一的飯店品牌形象，建立有效的預定網絡，並有效提升中國飯店的國際品牌，最終達到強強聯合、贏得市場的目的。相信，有了在座各位專家、各位總經理的大力支持，中國金鑰匙飯店組織必將會有一個更為廣闊的發展前景，必將以規模效益給成員飯店帶來不可估量的市場優勢和管理優勢，進而成為中國最大、國際知名的一流品牌飯店聯盟，並推動國內飯店市場的良性循環，帶動成員飯店社會效益和經濟效益的全面提高。

第四章

新觀念、新思路、
新局面下的中國金鑰匙

（第七屆，2002 年 12 月）

二〇〇二年，中國金鑰匙在國際飯店金鑰匙組織的支持下，在國家旅遊局和中國旅遊飯店業協會的領導下，通過全國金鑰匙會員的共同努力，至二〇〇一年年底，已基本實現了（1999-2002 年）第一個發展規劃的目標，即：設立總部、組織發展與國際金鑰匙組織接軌、建立培訓體系和網絡宣傳體系與其他各項主要工作目標。這標誌著中國飯店金鑰匙組織由此為界，成功地完成了從無到有的一個歷史性階段，同時，為下一個階段（2003-2005 年）的發展奠定了基礎。

　　新世紀的前幾年，是中國金鑰匙組織實行戰略性調整、完善組織運行機制與提高服務水準和進一步加強與國際金鑰匙組織接軌的關鍵時期，也是為實現從弱到強的第三階段目標打基礎的重要階段：實施品牌戰略，開發人力資源，全面提高金鑰匙會員的質與量，推動為中國飯店業的個性化服務水平和集團化品牌的發展，參與加入 WTO 後的國際競爭，為中國實現世界旅遊強國的目標做出自己的貢獻。現根據國際金鑰匙組織第四十九屆年會的決議以及中國旅遊飯店業協會關於中國金鑰匙發展的指示精神，做出以新的發展思想制定中國金鑰匙組織（2002-2005 年）發展規劃的綱要。本綱要共分三大部分：1.中國飯店金鑰匙的基本回顧；2.中國飯店金鑰匙發展的指導思想、基本目標和工作原則；3.中國飯店金鑰匙組織（2003-2005 年）具體實施計畫。

一、中國飯店金鑰匙的基本回顧

　　1. 中國飯店金鑰匙組織自一九九五年成立至今走過了一段曲折不

平的發展道路。一九九八年國家旅遊局的星級評定第一次將「金鑰匙」列入星評標準，對中國飯店標準化向個性化服務轉變起到了極大的推動作用，同時也為中國金鑰匙的發展起到了「催化劑」的作用。

2. 二〇〇〇年在中國廣州召開的國際金鑰匙組織第四十七屆年會作用巨大。這次大會不僅加強了國際金鑰匙組織對中國金鑰匙的了解，而且加強了行業各級領導對金鑰匙的進一步認識，也基本解決了中國飯店金鑰匙作為一個組織生存的起碼條件，為今後長遠發展創造了更為有利的發展空間。

3. 深入貫徹落實了中國飯店金鑰匙組織第四至第六屆年會的決議，並通過幾年的努力工作，中國金鑰匙建立了教育培訓體系、會員管理體系、財務管理體系、網絡雜誌宣傳系統等，已初步在我國飯店行業中奠定了金鑰匙服務品牌的地位。

4. 中國飯店金鑰匙組織經過了數年的發展壯大，目前已遍布全國八十座城市，成員酒店二百八十家，金鑰匙會員四百四十九名，會員總數在國際金鑰匙組織中的排名已經上升到第四位，如今，中國金鑰匙組織在國際組織中的地位已經是舉足輕重了。

5. 面對加入 WTO 之後中國飯店業的形勢，中國飯店金鑰匙的發展也面臨一些亟待解決的問題。首先，金鑰匙會員發展布局不夠均衡，金鑰匙人員素質也參差不齊，網絡化服務機制尚未健全，國內客人普遍對服務品牌認知度不夠高，金鑰匙服務創新不夠，培訓師資匱乏，組織經費困難，人員流動大，管理運作機制滯後等主要問題；這些問題將嚴重困擾中國金鑰匙今後的順利發展。

二、中國金鑰匙發展的指導思想、基本目標和工作原則

1. 綱要的指導思想

中國飯店金鑰匙的發展繼續堅持重質量不求數量的組織原則，以友誼協作為宗旨，以國際金鑰匙組織的三十五個成員國（地區）為合作夥伴，以充分利用互聯網為手段，堅持朝國際化、網絡化、個性化、專業化品牌組織方向發展，旨在幫助中國飯店業進一步加強與國際飯店業及國內外各大酒店間的服務網絡協作，營造出一個既有競爭也有合作的良性循環的市場環境，繼續做一些有益於中國飯店業發展的探討與實踐。

2. 綱要的基本目標

通過實現提高金鑰匙素質，實現金鑰匙網絡化服務，實現品牌化組織形象提高，以首都北京為中心，會員發展重點由沿海發達城市向中西部城市傾斜，達到組織確定的兩到三年內全國達到一百座城市五百家飯店八百名金鑰匙會員的全國布局較為科學、合理的格局目標。

3. 綱要的工作原則

① 堅持國家旅遊局和中國旅遊飯店業協會的領導。

② 堅持與國際飯店金鑰匙組織接軌。

③ 堅持組織發展以質量為基礎的原則。

④ 堅持「滿意＋驚喜」的服務理念。

⑤ 堅持網絡化、個性化、專業化、國際化的品牌服務創新的可持續發展道路。

三、中國飯店金鑰匙組織（2002-2005 年）具體實施計畫

1. 健全完善金鑰匙培訓體系，實施層次化的培訓計畫。組織有關專家編寫新的培訓教材，繼續辦好金鑰匙資格培訓班，編輯《金鑰匙服務案例彙編》，使用國際統一的金鑰匙證書，並分區組織金鑰匙服務研討會等。

2. 繼續加強金鑰匙網站的建設。金鑰匙網絡要逐步建立與全國一百座城市的金鑰匙網上的連接工作，及達到與三十五個國際金鑰匙組織成員國金鑰匙網站的鏈接目標。完善充實每個城市金鑰匙服務信息資料庫。

3. 實施立體、全方位的品牌宣傳計畫，擴大金鑰匙在市場上的知名度和影響力。

① 加強與國內外傳媒包括報紙、雜誌的進一步合作，重點組織一批有分量的文章進行刊載。

②加強與旅遊衛視合作，利用電視這個家喻戶曉的媒體，編輯腳本，擬出專題，如採用請金鑰匙介紹食、住、行、游、購、娛一條龍服務的方式，來拓寬市場對金鑰匙服務品牌的受眾面和認知度。

③充分利用社會資源，聯合會員的優勢，準備通過《大都會旅遊指南》、《金鑰匙消費指南》等刊物，讓金鑰匙服務品牌有計劃、有步驟地覆蓋我國主要大中商務和旅遊城市的飯店以及其他領域。

4. 推動和實施金鑰匙職業經理人計畫，解決金鑰匙流動性大的問題。

5. 計劃與各有金鑰匙會員的酒店加強營銷合作，開拓新的預訂渠道，旨在增強各城市有金鑰匙的酒店對常客服務及營銷的力度。

6. 為了進一步保證組織經費來源的穩定，經過徵詢各酒店意見後，提出會費交納方式與國際接軌。

7. 組織管理方面，在國家旅遊局、中國旅遊飯店業協會的指導和監管下，按照組織章程進一步健全完善民主監督及管理機制。

8. 在加強與國際交流方面，為爭取在中國再申辦一屆國際飯店金鑰匙組織年會打下良好的基礎。

各位會員，中國金鑰匙正迎來一個大發展的時期，讓我們齊心協力，努力學習，不斷提高我們的思想認識水平和業務素質。轉變觀念，找準思路，當組織的目標計畫都清楚後，等待我們中國金鑰匙的是：以飽滿的熱情，務實的精神，同心協力地把各項工作計畫一步步落實，同時我們也要做好迎接困難、挫折、失敗的思想準備。只要我

們堅守誓言：「我自願成為中國飯店金鑰匙組織的會員，秉承國際飯店金鑰匙組織服務宗旨，忠誠於祖國，忠誠於法律，忠誠於企業，忠誠於客人。嚴格遵守中國飯店金鑰匙組織行為準則；熱愛本職工作，通過友誼與協作服務於顧客，為中國金鑰匙服務事業而奮鬥」。相信我們一定會迎來中國金鑰匙美好的明天。

第五章

走向品牌化、
國際化的中國金鑰匙

（第八屆，2003 年 12 月）

中國金鑰匙從一九九五年成立以來，已經發展到了第八個年頭，回顧這八年的歷程，每每令我心潮澎湃。中國金鑰匙組織經歷了由小到大、由弱到強、由單一的服務個體擴展為精幹的服務團隊、由一種服務稱謂轉變為一個服務品牌的發展過程，就像一棵小苗，在國家旅遊局、中國旅遊飯店業協會和國際金鑰匙組織的關愛指導下，在全體金鑰匙的共同呵護下，它已經成長為一棵大樹，這其中傾注了金鑰匙品牌創業者們的大量心血。

　　我們應充分認識到中國飯店所處的特殊的歷史時期，中國酒店市場已經開始進入品牌競爭階段，從行業角度來說：我們都進入了一個從企業到個人都需要品牌的時代。所以我們對金鑰匙品牌發展要有新的認識，每一位佩戴著國際金鑰匙品牌的會員，在這個時期要了解和掌握品牌的知識及相關管理技術，特別是對國際唯一的飯店服務品牌，其特性、品質標準、顧客認知、企業認知乃至品牌提升、品牌培訓運作等，都應有清楚的了解和認知，因為這將影響我們這一代酒店人長遠的發展。長期以來，中國之所以沒有培育出像希爾頓、雅高、瑪里奧特等這樣的世界級飯店集團品牌，也沒出現類似世界一流酒店組織的市場連號，除去中國飯店業行業機制等客觀原因，我看還有一個重要原因，就是在國內缺乏做品牌飯店事業的人，我把這些人稱為經理人，如果有這樣一批比職業經理人的使命感和事業心更強的酒店經理人在行業打拚中國飯店品牌，那圍繞著這樣的品牌事業，將產生大量的由先進服務理念統一起來的職業經理人，他們的成功將使飯店行業迎來一次新的從業高潮。在為金鑰匙品牌服務了八年後，我感到，我們中國的金鑰匙就是一批這樣的事業經理人，我看到許多第一批的老金鑰匙們，現在都在酒店的中高層管理崗位上發揮著重要作

用，而且還延續著金鑰匙「先利人，後利己，用心極致，滿意加驚喜」的服務精神，更以在業內把更多的優秀服務管理人員培養成為金鑰匙當成自己的神聖使命。我想這一代老金鑰匙都從自己的發展經歷中感悟到，創建和發展出行業一個共有的服務理念，對酒店從業人員今後職業的發展有著重要的意義，它將避免重複前人所走過的彎路，並樹立酒店從業人員全新的價值觀與人生觀，它所帶來的影響必將是深遠而卓越的。

如果我們再從另一個行業市場的角度思考，飯店業能夠培育出一個在服務領域被消費者高度認知和信賴的品牌，將使企業及個人在營銷資源和職業發展方面，帶來更多更好的機會。

所以，中國金鑰匙總部及執委會經過充分研討，結合目前形勢的要求，提出在服務職能和人員培養方面進一步與國際接軌，在品牌創新和管理上，進一步按市場化規律來運作，充分藉助現代通信技術和傳媒的力量，加大金鑰匙品牌的市場宣傳力度，給那些長期投入精力與資金培養金鑰匙的酒店帶來服務品牌營銷的效應，在今後的幾年裡我們具體要完成以下幾方面工作：

1.通過與移動通訊等有實力企業的合作，利用現代化便利的通訊方式，將全國金鑰匙形成一個內部服務通信網絡，這一方面：可以大大減低各金鑰匙成員及所在的酒店在對客服務成本費用方面的支出，並加快信息交流速度，方便客人享受金鑰匙服務所帶來的便利與快捷；另一方面可以方便全國金鑰匙的聯絡與溝通，最大限度地消除地域，實現服務的全程化和完整性。

2. 中國金鑰匙與有實力的傳媒合作，確立金鑰匙品牌的事業經理人的發展方向，並通過系統與專業化的培訓，加強金鑰匙在服務及管理方面的專業化程度，為企業和行業培養更多的菁英。

3. 加強金鑰匙網站服務信息及資料交換平台的建設，以使中國金鑰匙網站在國際金鑰匙組織裡，其功能在時效性、準確性和可操作性等方面達到最佳效果，給廣大金鑰匙會員的工作、學習、交流帶來最大的方便。

4. 加強總部服務功能建設，充分發揮這個平台，幫助新的會員迅速使用網絡服務資源。

親愛的會員們，在新的一年裡。只要我們在國家旅遊局、中國旅遊飯店業協會的正確指引下，只要金鑰匙們保持旺盛的服務激情，只要金鑰匙們扎扎實實地做好本職的服務工作，隨著中國市場經濟體制改革的深入發展，中國金鑰匙必將迎來一個美好的春天。

第六章

信念與追求、
品牌與未來

（第十屆，2005 年 12 月）

中國金鑰匙在國際金鑰匙組織的指導下，得到了國家旅遊局和中國旅遊飯店業協會的大力支持和關懷，經過各省、市旅遊局和各大星級酒店總經理的積極推動和全體中國金鑰匙會員的不懈努力，目前已發展到二十七個省、市、自治區，一百三十一個城市六百一十二家高星級酒店會員一〇一八人，已初步形成一個龐大的個性化服務網絡。

　　這一切是怎麼開始的呢？第一代中國金鑰匙滿懷著一種堅定的信念，開始了對金鑰匙極致服務的追求。不管遇到什麼困難，從無到有、從小到大、從單體到群體、從流程設置到網絡建設、從金鑰匙服務到酒店的金鑰匙工程，中國金鑰匙就是這樣一步一個腳印，一邊探索一邊總結，一邊發展一邊感悟金鑰匙「先利人，後利己。用心極致滿意加驚喜，在客人的驚喜中找到富有人生」理念的真諦。在這日復一日、年復一年不斷地追求中，我們給客人帶來自信、歡喜和方便，也給自己帶來成長、壯大、提升；也正是在這種追求中鑄造了中國金鑰匙忠誠的信譽。這種追求給中國酒店業帶來一大批忠誠於企業，服務於旅遊事業的奮進者。例如，廣州白天鵝賓館、北京王府酒店、南京金陵飯店、大連富麗華飯店、長沙華天大酒店、廈門悅華酒店等，這些標誌著中國金鑰匙理念與追求之路的里程碑式的酒店，無一不是中國酒店優質服務的佼佼者。中國金鑰匙的發展正是一大批中國優秀酒店的共同追求，正是在這個對理念與品牌的追求中，中國金鑰匙服務品牌誕生了。

　　二〇〇〇年，國際金鑰匙組織年會在中國成功的召開，推動了中國金鑰匙第二個發展階段，使中國金鑰匙服務走向了品牌化、國際化的發展道路。在這個時期，我們確曾感迷惘——會員發展重質量還是

重數量，品牌是用協會模式還是用市場模式去培育。中國金鑰匙反覆嘗試，深入思考。為此，我還請國際金鑰匙組織創始人的兒子 Jean Gillet 先生指點迷津。因為國際金鑰匙組織的七十五年發展歷程，從未有過類似中國金鑰匙的發展情況與市場條件。記得有一次，Jean Gillet 先生對我說，通過中國金鑰匙的發展，讓他明白在中國什麼事都可能發生。他鼓勵我說：「年輕人，只要遵守國際金鑰匙友誼與服務的宗旨，它將會引導你在東方這片最古老的大地上培育出最美的服務品牌。因為在中國還沒有一個服務品牌，這是機遇，也是最大的挑戰。」

中國金鑰匙的發展克服了許多困難，建立中國金鑰匙總部，進行系統化的培訓，不斷完善自身的管理與運作水平，大膽變革，通過幾年的時間，終於走出一條既符合中國國情又與國際接軌的品牌管理與運作模式，為中國金鑰匙品牌朝著個性化，網絡化，專業化，國際化發展打下了堅定基礎，也迎來了今天這個歡欣的時刻。

今年是中國金鑰匙發展的第十年，我們又迎來了第三個發展的歷史時期。中國金鑰匙正面對著機遇與挑戰。首先，中國政治上的穩定給中國經濟帶來了巨大的發展前景，中國的服務業、旅遊業、酒店業，正進入個性化消費階段。

顧客對個性化服務品牌將會更重視。作為中國唯一的也是最早引入的國際服務品牌，正面臨著最大的發展機遇，而這個時候，中國金鑰匙是否做好共享金鑰匙服務品牌的準備呢？

首先，我們要清楚地意識到，不久的將來，優質顧客的消費需求

將更多地轉向個性化的特殊產品，更多地去消費品牌所帶來的優質與服務。而在這個過渡時期，中國金鑰匙是否做好了準備？是否在觀念上、在服務的系統上在品牌的管理上做好了準備？是否給所服務的企業帶來最具個性化特點的網絡服務？這些就是我們中國金鑰匙所面對的最大挑戰。為了面對這個機遇與挑戰，中國金鑰匙總部，組建中國金鑰匙發展委員會，它肩負著中國金鑰匙今後品牌發展的規劃與保護的重任。中國金鑰匙服務管理委員會，由各城市金鑰匙首席代表組成，負責金鑰匙服務的開展及網絡關係的建立，使中國金鑰匙做得更專、更精、更國際化。中國金鑰匙會員管理委員會，由各城市金鑰匙秘書長組成，主要肩負會員的培訓、考核及管理、宣傳，使中國金鑰匙的管理更系統和更有秩序。同時，這些都為我們未來十年的品牌化發展打下堅實的基礎。

金鑰匙品牌被廣泛地認知；

金鑰匙理念被廣泛地推廣；

金鑰匙標準被廣泛地接手；

金鑰匙網絡被廣泛地使用；

金鑰匙培訓被廣泛地歡迎；

為此，金鑰匙總部將實現會員管理數據化，金鑰匙培訓實現體系化，金鑰匙發展實現社會化，金鑰匙服務網絡實現全球化。

親愛的會員朋友們，金鑰匙是一種品牌、是一種信念、是一種文化、是一種力量、是一種希望。我們所希望的是，回顧我們一生的辛

勞，最引以為豪的，很可能就是協助創建了一個以其價值觀、方法論和目標對中國飯店服務業產生深遠影響的品牌，留下了一個可以永續經營、持久發展並繼續作為服務典範的組織。

最後，深深感謝各界朋友，各位金鑰匙長期以來對總部的理解與支持、對金鑰匙組織的厚愛與關懷！

第七章

品牌管理與發展，
服務網絡與創新

（第十一屆，2006 年 11 月）

今年是中國金鑰匙發展的第十一年，我們在慶祝十年輝煌創業的同時，驕傲地走入新的十年。現在，擺在我們面前的是新的重任和新的挑戰──我們應該為中國金鑰匙未來的發展做些什麼？我們將為國際金鑰匙品牌的發展貢獻什麼？我們將為我們所服務的企業和客人帶來什麼？我們要為熱愛我們的朋友和客人奉獻什麼？這些都需要我們共同去思考、共同去面對、共同去實踐。

　　中國金鑰匙經過十年發展，我們經歷了太多的風雨和磨煉，我們深知它的每一步都需要腳踏實地。今天的中國金鑰匙已是一個網絡規模巨大的服務組織，在行業內具有一定的影響與認可，其品牌效應已經上升到另外一個層面。而這個時候，如果我們仍停留在原來的管理方法與管理水平、管理理念與制度，不去提高我們的意識和素質，那麼我們的組織必將停滯不前，我們創造的優質服務品牌將被社會的競爭所淘汰，我們這一代人之前所付出過的心血與精力，將白白地失去。

　　金鑰匙品牌是我們組織的核心和靈魂，品牌在則組織存，品牌強則組織強，金鑰匙品牌不僅是我們組織為之奮鬥的旗幟，也是我們全體會員的榮譽與信心。

　　中國金鑰匙的起步是順應了中國酒店業極致服務、個性化時代發展的服務需要。金鑰匙成為行業的個性化服務的代表，經歷過行政體制與市場體制的選擇，最終形成了在市場化發展的服務品牌地位。中國金鑰匙們，在「先利人後利己，用心極致，滿意加驚喜，在客人的驚喜中找到富有人生」的理念引導下，一路向前，克服重重困難，過了一關又一關；我們以務實與進取的工作實踐，贏得了國際金鑰匙組

織及行業的認可，令我們這一代酒店人感到無限的榮耀和自豪。

正當我們滿懷信心，規劃著未來十年的發展計畫時，我的擔憂也接踵而至。

首先，我們的會員和我們的地區負責人是否真正將服務理念及品牌質量上升到一定高度來理解，是否有足夠的耐心規劃我們的願景，是否有各種人才來充實和豐富我們的服務內涵，是否充分掌握和應用網絡技術工具，是否常常反思、不斷地學習和進取，是否有完善的會員考核評估體系，是否建立了健全的管理制度，是否建設好宣傳平台，是否能根據企業和客人的需求延伸我們的服務……

我們的會員如果不能通過實踐，將理念與本職工作相結合，就不能調整好自己的心態，就不能去面對工作上的困難和社會生活等各方面的壓力，就會做出一些不可理喻的事情……

孔子在《論語·過而》中論及國家在轉型動盪時有四件事讓他擔憂，他說：「德之不修，學之不講，聞義不能徙，不善不能改，是吾憂也。」即人們不再講品德的修養，也就是不積德，人人浮躁，不肯老老實實做學問，知道應該做的事情卻不肯去做，知道自己的問題和毛病，卻視若無睹，無法改正。古人的憂慮也適用於今天。

所以，我們應該靜下來，認真地學習，認真地審時度勢，認真地研究品牌的維護和品牌管理，才能真正地去迎接挑戰，才能開創我們的未來，進而達到創新與發展。

提到金鑰匙服務創新與發展，其實就是我們品牌如何創新與發

展。首先就要抓好品牌管理。品牌管理就是圍繞著品牌的核心競爭力，通過品牌延伸、品牌創新、品牌策略、商標管理等內容來增強品牌的知名度和美譽度，實現品牌價值的保值和增值，從而讓品牌釋放出巨大的潛能，鞏固和提升品牌的產品和服務的市場地位，並使其轉化為可持續的社會和經濟效益。

品牌管理是一個有限監管、控製品牌與消費者之間關係的全方位管理過程，它最終形成品牌的競爭優勢，使成員更忠於品牌核心價值與精神，從而實現品牌的長盛不衰。

金鑰匙品牌的核心價值就是「在我們從事的行業中，會員不是無所不能，但是一定會竭盡所能」的承諾，所以，我們就要圍繞著核心價值的實現來開展工作。

1. 不斷加強對會員進行培訓和教育，開展學習與總結，真正提高大家對品牌的認識和覺悟。

2. 不斷完善和提高地區網絡和網絡技術的應用，建立網絡化的服務及委託代辦業務體系，最大限度地為客人延伸個性化服務。

3. 不斷提高地區執委會的品牌管理能力和品牌宣傳能力，即不單是金鑰匙會員，還有地區執委會，都應制定切實可行的有利於企業、有利於客人、有利於品牌、有利於會員的工作計畫，加強執行力，並定期進行總結與匯報。

在未來幾年，中國金鑰匙服務的創新與品牌的管理都將圍繞著組織網站的升級換代展開。長期以來，總部人員多與各地區首席代表、

秘書長聯繫溝通，而對會員及信息的管理效率太低，主要表現在信息準確度低、反饋及執行力低、市場影響力低。這一系列制約我們品牌管理及網絡化服務創新的瓶頸問題，都將隨著系統的升級改造而逐步加以解決。當我們完成組織的信息化、網絡化建設後，中國金鑰匙的工作效能及資源整合力將大為提高。而且，順應品牌在服務業的發展，網站將成為各地區服務資源整合點，成為各地區會員觀摩學習交流的最好實體表現，也最大限度地延伸著我們的服務。我們從二〇〇〇年以來提出的網絡化的金鑰匙服務的宏偉目標即將在這個平台實現。它將對每一個擁有金鑰匙服務的酒店展開有效的宣傳，更好地發揮品牌監督的效果，使顧客更直接地了解金鑰匙服務，使金鑰匙服務效率更高、資源更廣、影響更大。

我想，也只有中國金鑰匙這樣的組織，在沒有外來資金的幫助下，克服重重困難，一步一步地摸索學習，用五年時間去堅持完成一件我們認為難以完成的工作。五年，也許有的人認為太長了，也許對有的公司來說根本不用這麼長的時間，但是，在這五年裡，總部要一邊解決大量組織建設、機制調整、資金困難、會員管理的問題，而且還要不迷失方向，堅持朝這個方向努力。這種堅持，就是金鑰匙的精神——重承諾、排除萬難，以高度的責任心和耐心去實現諾言。這是許多卓越的公司才有的品質，難道不值得我們驕傲嗎？有了這個先進的平台，我們就具備了實現十週年提出的未來發展目標的基礎條件，我們就可以與各服務協作企業的金鑰匙對接，真正開創金鑰匙第二個十年的輝煌。這樣，我們的組織就能用一至三年時間為品牌實現未來十年目標打下基礎，使金鑰匙品牌為廣大消費者認知和認同，而我們的組織也在這個過程進行著卓越品牌的修練。「一個鏈條，最脆弱的

一環決定其強度；一隻木桶，最短的一塊限定其容量；一個人，性格最差的一面影響其前程；一個品牌，最脆弱的環節遏制其生命。」我們現在最脆弱的環節就在品牌管理，這在去年年底我們就開始意識到了。通過一年的觀察，總部更加確定，將把品牌管理作為今後的首要工作。雖然品牌管理有很大困難，但我們一定要攻克它，一年不行就兩年，兩年不行就三年。我相信，在全體會員的共同努力下，在酒店業的總經理們及行業領導的支持下，我們一定會取得成功。即使這個歷史的重任和難關一定要承擔和攻克，我們第一代中國金鑰匙也必將以我們的激情和青春、我們的智慧與汗水去完成它。

親愛的會員朋友們，我們是否已經真正了解了或者說透徹了解了我們的組織與品牌，我們是否真正了解我們的事業和所處的時代，我們是否真正了解擺在我們組織與個人發展中的種種問題，讓我們一起來學習品牌管理，讓我們一起來愛護和發展我們的品牌，讓我們一起來分享品牌帶給我們這一代金鑰匙的光榮與夢想。

第八章

邁向「更高、更快、更強」
的中國金鑰匙

服務質量更高、服務效率更快、服務網絡更強

（第十二屆，2007 年 12 月）

我們是在二〇〇八北京奧運、二〇〇九年國際金鑰匙組織八十週年第五十六屆年會、二〇一〇年上海杭州世博會、二〇一〇年廣州亞運會的服務大背景下召開的。

這三年，中國的服務業、旅遊業將面臨前所未有的挑戰和機遇。我們這次年會，就是為了中國金鑰匙更好地迎接這次歷史機遇和挑戰召開的準備會議。

首先，我們從奧運精神中得到啟發，中國金鑰匙只有在廣大消費者面前展示我們的服務水平更高、服務效率更快、服務網絡更強，才能在這一歷史時期，抓住這個歷史性機遇，實現金鑰匙品牌在市場中、在中外消費者心目中地位的歷史性突破。

我們如何實現這個目標？總部已為此做出周密的規劃和部署，在金鑰匙服務理念的指引下，我們經過五年努力，在相關軟件公司、總部及地區會員的共同努力下，在全國範圍內有金鑰匙會員酒店的聯網服務，使一千家高星級酒店的金鑰匙實現了服務協作和預訂。

我相信，這將是國際金鑰匙歷史上最具跨時代意義的一個事件，也是中國酒店人的一大創舉。

在舉國迎奧運的旗幟下，中國酒店金鑰匙突破障礙，在管理層的支持下攜手打造「奧運酒店服務綠色通道」，這既是奧運精神在飯店業閃光，也是金鑰匙服務精神的延伸。

在距離奧運開幕還有兩百六十天的時候，中國金鑰匙在這裡舉行各大城市酒店金鑰匙服務知識競賽。檢閱我們的服務預訂系統和網

站，並對其功能和服務的完善進行研討。同時我們也開展品牌與人生的培訓，通過學習援藏金鑰匙事蹟，堅定我們的服務信念，「在客人的驚喜中找到富有的人生。」

我還記得，十年前，魏小安先生說過，中國金鑰匙是由一批有著強烈榮譽感、使命感的年輕人組成的，他們攜起手來共同打造中國酒店業的服務聲譽，讓國際同行們認識中國酒店的服務，我們這一代金鑰匙任重道遠。

今天，中國金鑰匙相當多地走向了酒店和各大服務企業的高層管理崗位。金鑰匙的理念和標準在酒店和物業服務中廣泛應用。隨著一批又一批的年輕的優秀服務經理加入了我們的組織，中國金鑰匙的組織管理理念和會員服務預訂系統進一步地完善，將更加強有力地支持各會員為酒店和企業提供更加專業化的服務。

特別是，一批酒店在金鑰匙的旗幟下，結成金鑰匙酒店聯盟，極大地促進了中國酒店業的品牌化、集團化發展。因為在絕大多數中國酒店集團、國際化品牌管理集團、產權集團和酒店管理公司管理的大模式下，中國金鑰匙敢於創品牌聯盟，鍥而不捨，為中國酒店闖出一條新的發展道路。

在這裡，我們要特別感謝支持中國金鑰匙的各級領導和總經理們，在他們的強有力的支持和幫助下，短短五年，金鑰匙酒店、金鑰匙樓層、金尊會俱樂部、金鑰匙服務假期、金鑰匙服務預訂系統、金鑰匙酒店管理學院、金鑰匙物業均已粗具規模。總部基本實現了我們所提出的整合社會菁英資源為金鑰匙服務，金鑰匙為客人服務，客人

又為品牌廣泛傳播服務的思路。

同時，我們現在正著手實現金鑰匙基金會的創立工作，這在去年只是執委會的討論，但今年，我們已經完成法律諮詢方面的工作。

中國金鑰匙總部倡導通過基金會的運作，使中國金鑰匙具備長遠的發展規劃和利益共享機制。基金會將按每年盈餘 10％劃撥慈善救助基金，40％劃撥教育培訓基金，50％劃撥會員退休基金的思路來安排。總部此舉的目的旨在不久的將來，能使中國金鑰匙樹立良好的社會責任形象，通過救助基金積極參與社會公益事業，履行社會責任、弘揚社會道德；通過教育基金幫助培養一批優秀金鑰匙和行業管理人才，為長期支持我們發展的企業和個人提供人才幫助；退休基金，是期望讓一代中國金鑰匙艱苦奮鬥一生後，當他們兩鬢白髮時，能共享我們組織發展的成果。退休基金是期望能夠給予一貫遵守會員行為準則，長期為企業、為客人、為服務品牌做出貢獻的退休會員一些回報。

以上，就是中國金鑰匙未來十年的發展思路。為此執委會通過了《國際金鑰匙組織中國區未來十年發展規劃綱要》。

同志們，也許你們要問現在要做什麼？我要說：借二○○八年北京奧運的強勁東風，高揚起我們年輕的中國金鑰匙的理想風帆，披星戴月、風雨兼程，向著更高的服務質量、更快的服務效率、更強的服務聯盟，前進！向著金鑰匙品牌的更大成功，向著金鑰匙未來的光輝燦爛的前程，向著中華民族的偉大復興，前進！

第九章

全球網絡化的金鑰匙服務

（第 56 屆國際金鑰匙組織年會主題報告）

（第十三屆，2008 年 11 月）

你們好！首先代表全體中國金鑰匙熱烈歡迎來自世界各地的金鑰匙代表們。今天非常榮幸能有機會與來自四十多個國家和地區的同行分享中國金鑰匙發展的體會。

我今天演講的題目是《全球網絡化的金鑰匙服務》，我想以介紹中國金鑰匙發展情況來闡述我們的組織將如何實現全球網絡化的金鑰匙服務這一宏偉目標。

國際金鑰匙組織創始人吉列特先生有一個好的品牌願景——「全球金鑰匙服務」。經過四代人努力，目前我們已成為世界上唯一的有八十年歷史的網絡化、個性化、專業化、國際化的品牌服務組織，這是一份令我等自豪而又珍惜的事業。

中國金鑰匙在國際金鑰匙組織、國家旅遊局及社會各界朋友的大力支持和幫助下，經過十四年的奮鬥，形成在中國一百六十八個城市一千多家高星級酒店和物業公司，擁有一千六百八十名中國金鑰匙會員的網絡化、個性化、專業化、國際化的非營利性品牌服務組織。中國區總部設有三個委員會：發展委員會，負責推廣金鑰匙服務品牌和理念，推動品牌事業發展；會員管理委員會，負責會員品質培訓、考核和發展；服務管理委員會，負責金鑰匙服務網絡資源和服務協做事務。總部與金鑰匙聯盟一起，合作出版了《金鑰匙中國》會刊，合作開發了網站及服務系統，從而形成完整的組織會員管理、宣傳、服務體系。

目前，中國區總部正在籌備中國金鑰匙基金，其中有金鑰匙慈善救助基金：主要用於幫助那些有需要的會員，並且積極響應政府發出的號召，在困難時期幫助那些有需要的人們。另外，我們的金鑰匙教

育培訓基金：主要用於對中國各地區服務表現優異的會員的表彰和激勵及持續的培訓教育，幫助並推動那些與中國金鑰匙總部合作的職業院校教育的事業發展。我們還有金鑰匙會員退休基金：主要用於會齡滿三十年，並一直繳納品牌使用費的會員在六十歲後的退休補助，目的是金鑰匙們能在退休後繼續參加組織的年會和各項活動，享受會員的各項權益。我們希望通過中國金鑰匙基金會的成功運作，牢牢地鞏固中國金鑰匙「友誼、服務、協作」的品牌事業基礎。使中國金鑰匙為國際金鑰匙組織繼續做出貢獻，使全世界的旅行者永遠感受這個東方文明古國的金鑰匙服務魅力。

或許大家會問，是什麼使中國金鑰匙能夠十四年如一日去拚搏進取，並不斷努力實現這一組織目標，我想，是因為中國金鑰匙擁有一個先進的服務理念，這就是金鑰匙的「先利人，後利己」的價值觀、「用心極致」的方法論、「滿意加驚喜」的標準和「在客人的驚喜中找到富有人生」的追求。它是一種優秀的服務文化，它能夠使我們跨越不同的地域和領域，去培育出一個個優秀的服務企業和金鑰匙。

中國區總部從一九九九年起，通過十年來六十九期的會員資格培訓班，以金鑰匙品牌服務理念為本，以委託代辦服務的業務理念為根，認真培訓每一個會員，認真幫助每一個企業去發展金鑰匙服務，積極配合國家飯店星級標準的推廣，使每一個中國的金鑰匙會員都把成為一名金鑰匙視為其服務生涯的最高榮譽和責任，因此中國金鑰匙擁有了政府支持、行業歡迎、顧客認可、會員擁護的品牌核心競爭力。正是這個核心競爭力，使中國金鑰匙形成了高效的組織平台、高素質的培訓平台、高品質的服務平台。中國金鑰匙已成為客人在旅途中最可信賴的人。

展望未來十年，世界服務業的高端競爭將不再只是產品競爭，也不只是企業競爭，而是一個服務產業鏈的品牌競爭，酒店業也不例外。中國金鑰匙總部清晰判斷未來發展形勢，確定了未來十年中國金鑰匙實現「服務質量更好、服務效率更高、服務網絡更強」的工作目標，全力打造數字化的「E-Concierge」的未來。通過過去十年的努力，我們成功開發了聯繫中國每一家有金鑰匙服務的酒店網絡服務系統，使全國金鑰匙會員間形成了服務網絡系統連接，金鑰匙委託代辦服務有了標準化的工作平台，會員們能夠為客人提供更加有效和豐富的服務。同時也讓金鑰匙們及時掌握和更新最新的城市綜合服務信息、提供更加細緻周到的服務、開拓和發展更多的服務資源關係。金鑰匙品牌將給酒店帶來更多的服務效益和社會效益，酒店CONCIERGE 金鑰匙將成為城市綜合服務的終端總代理，金鑰匙組織的服務網絡將得到更大的延伸和發展，總部也將提高對會員質量管理和服務效率。

親愛的來賓們、同事們、會員們、朋友們，我堅信，未來掌握信息技術的中國金鑰匙將帶給顧客更好的服務；將給其所服務的酒店帶來更多的客人；將給服務合作夥伴帶來更多的生意；將給自己帶來更多的支持與激勵；將給金鑰匙組織帶來更科學的會員考核、評估和管理。對金鑰匙品牌而言，將帶來更高的知名度和美譽度。最後，我希望全球網絡化金鑰匙服務能實現我們這個有八十年歷史的組織的創始人的願望：「無論在世界的哪個角落，金鑰匙們都將傾盡全力，去延續我們肩負的使命：以真誠服務於我們的職業，我們的飯店，乃至整個服務業。」我相信只要全世界金鑰匙聯合起來，通過友誼與協作，這個目標就一定能夠實現。

第十章

走向輝煌的中國金鑰匙

（第十四屆，2009 年 11 月）

今年，中國金鑰匙已走過十四個年頭了，總體來說，這是風雨兼程的十四年，開創進取的十四年，蓬勃發展的十四年，碩果纍纍的十四年。十四年來，我們完成了組織創建，形成了行業標準，獲得了政府認可，打響了組織品牌。十四年中，我們在中國成功舉辦過兩屆大型國際金鑰匙年會，我們首次在奧運會歷史上展現了金鑰匙風采，並首先在國際金鑰匙組織的服務體系中提出網絡化服務理念並開始了數字化委託代辦的金鑰匙服務系統運作。

目前在中國，金鑰匙不僅僅是酒店業的服務品牌，在我們千名金鑰匙會員的共同努力下，金鑰匙服務理念和金鑰匙品牌已被引入了整個中國服務業。可以預見，在祖國跨越六十年發展走向偉大復興之日，我們中國金鑰匙也必將迎來前所未有的大好形勢和發展機遇。在這個時候，我們最需要什麼，什麼才是我們實現未來十五年組織品牌發展規劃的保障？我認為是「信念、榮譽、責任」。

在過去的十四年發展歷程中，我們從無到有、從小到大，憑的就是一個「先利人、後利己，用心極致，滿意加驚喜，在客人的驚喜中找到富有的人生」的服務信念。這種服務理念獲得越來越多的同行們的支持與幫助，受到越來越多的企業和顧客的喜愛，越來越多的年輕而優秀的服務管理者投身於金鑰匙行列。正是這種信念，是我們與時俱進，把握機遇，成功打造金鑰匙品牌，迎來大發展。金鑰匙信念使我們的人生有了目標，工作有了準則，事業有了方向。使我們有更大的信心面對工作困難和人生挫折，使我們有了寬宏的心去包容世間一切，而拓展出截然不同的人生命運和人間未來。

在過去的十四年發展歷程中，在信念的明確指引下，我們視品牌

為榮譽，像愛護自己的眼睛一樣愛護它。到目前為止，國家旅遊局及中國金鑰匙總部從未接到客人有關金鑰匙服務的投訴，這簡直就是一個奇蹟。沒有榮譽感的民族是沒有未來的，同樣沒有榮譽感的人和組織也是沒有未來的。年輕的中國金鑰匙為祖國增光，為品牌添彩。「滿意加驚喜，為人民服務」，中國金鑰匙「不是無所不能，但一定竭盡所能」。我們堅定不移的服務精神，把金鑰匙這個充滿榮譽感的國際服務文化品牌發揚光大。

在過去的十四年發展歷程中，在信念指引和榮譽感的激勵下，我們中國金鑰匙會員努力履行著自己的品牌使命和責任。十四年中，已經有很多當年的小夥子成為中年人，並走向服務企業經營管理崗位。十四年來，在他們的身上始終不變的仍然是金鑰匙的服務理念，仍然是「信念、榮譽、責任」！他們仍然忠誠於法律、忠誠於企業、忠誠於客人，嚴格遵守著金鑰匙行為準則。他們成了業內品牌經理人，並為行業的年輕人樹立了榜樣，也為金鑰匙之間廣泛的合作，並成功打造了聯盟平台，是企業、顧客、會員的利益形成統一。

總部為適應未來品牌經營管理的要求，修改章程並廣泛徵求了會員意見，正式推出了中國金鑰匙基金章程，進一步明確了金鑰匙的任務與宗旨，為組織未來的更大發展搭建了鞏固的發展基礎。

今年，國際金鑰匙組織中國區總部與中端酒店管理學院合作，開設了國際金鑰匙學院，計劃對總經理會員、經理人會員、管家和禮賓司會員進行培訓，正式建立完整的金鑰匙職業生涯培訓通道，為進一步統一理念、宣傳推廣、開拓發展、培養人才打下堅實的教育基礎。

今年，國際金鑰匙組織中國區總部正式推出金鑰匙服務聯盟，以利於充分發揮 E-Concierge 服務預訂系統的平台效應，把每個金鑰匙、每個地區的金鑰匙服務資源加以整合，最低限度地發揮金鑰匙網絡化服務效果，鞏固各地區的金鑰匙與服務夥伴的良好合作關係，搭建好長期的友誼、協助、服務共贏平台，不斷提升金鑰匙服務水平，真正實現組織提出的「服務質量更高，服務效果更快，服務網絡更強」的目標。

親愛的會員朋友們，未來強大的中國服務業太需要一批有激情、有理想、有能力的金鑰匙了！我希望大家堅持信念、保持榮譽、承擔責任，有良知，有智慧，繼續為中國金鑰匙的發展壯大而努力奮鬥。

我們堅信：始終堅持金鑰匙服務理念、堅定不移地為「信念、榮譽、責任」而戰的中國金鑰匙，不僅有輝煌的過去，也一定會有更偉大的未來。

第十一章

中國金鑰匙品牌的經營、
管理、服務中國金鑰匙

（第十五屆，2010 年 12 月）

今天，第十五屆國際金鑰匙組織中國區年會隆重召開，這是中國金鑰匙歷史性跨越的一次年會。我們將向一直以來秉持金鑰匙服務精神，弘揚金鑰匙服務品牌的企業隆重頒發金鑰匙鑽石服務獎，並對在地區管理和服務工作中表現傑出的金鑰匙給予表彰，我們還將通過金鑰匙的理念演講比賽和金鑰匙服務的研討，再一次向世人展示「信念、榮譽、責任、友誼、協作、服務」的品牌內涵。

中國金鑰匙發展的十五年，是勵精圖治的十五年，是繼往開來的十五年。中國金鑰匙繼承了國際金鑰匙「友誼和服務」的理念，在中國大地上發揚光大，並將理念提升到「先利人，後利己；用心極致，滿意加驚喜；在客人的驚喜中找到富有人生」的哲學高度，並通過十五年的努力，將金鑰匙服務發展到全國一百九十多個主流商務城市一千兩百多間高級酒店，海內外有兩百多家聯盟成員兩千多名中國金鑰匙會員的服務事業，並將品牌延展到房地產業、航空業、商業、銀行等大服務業中的多個行業。金鑰匙服務，已經成為中國高端服務業中的領先服務品牌。金鑰匙服務跟隨著中國改革開放三十年的步伐，不斷創新進取。

讓我們回顧一下金鑰匙中國區發展的歷程：

第一階段是 一九九五至二〇〇〇年，是金鑰匙中國區創立階段，主要在四個城市發展和建立金鑰匙組織。這個階段什麼都缺，我們重點的工作是如何將國際金鑰匙服務理念落地，結合中國當時的酒店業實際情況，建立有中國特色的金鑰匙理念，並在高級酒店建立服務網絡。

第二個階段是二〇〇〇至二〇〇五年，這是中國金鑰匙的成長階段。在國家旅遊局和旅遊飯店業協會的領導下，中國金鑰匙探索和實踐中國金鑰匙的發展體制和管理模式，特別是在行政體制和市場機制中對中國金鑰匙的未來發展做出正確的選擇。經過五年的實踐和論證，中國金鑰匙選擇了走品牌發展的道路。就是靠信念、靠市場、靠人才、靠機制去發展金鑰匙和金鑰匙品牌。堅持實行市場化、公司化、品牌化、國際化的總部管理和會員協作的模式去體現金鑰匙的品牌價值。

第三個階段是二〇〇五至二〇一〇年，是中國金鑰匙的發展階段。這個階段主要是建立品牌經營和管理的基礎，讓行業、企業、會員和品牌在激烈的市場競爭中取得共贏。五年來，我們創造性地將金鑰匙品牌延伸到了酒店、物業管理和大服務業，並在海外發展了金鑰匙國際聯盟成員。二〇〇九年推出針對個人的國際會員和國內會員的品牌管理模式。同時精心打造了品質控制、教育培訓、宣傳推廣、E-Concierge 預訂系統、會員服務五大平台。形成完整的品牌經營、管理、服務體系，更重要的是培養新一代有信念和職業化的總部管理團隊。

金鑰匙未來十五年的發展，在戰略上將在以下三方面得到體現：

1. 讓金鑰匙持續保有 「服務業皇冠上的鑽石」地位

在原有基礎上，根據二十一世紀客人需求的變化，調整和提升金

鑰匙服務的水平和效率。為此，首先必須提升會員的素質，完善會員管理機制，推出會員職業生涯規劃；其次是引入「標竿學習」和「最佳實踐」，將中國金鑰匙打造成一個學習型組織；三是建立培養人才的教育培訓體系，為服務業大量培養高端服務人才；真正將金鑰匙品牌「服務質量更好、服務效率更高、服務網絡更強」的目標落地。這些問題的解決需要金鑰匙地區執委會及會員們與總部的共識和通力協作。

2. 完善金鑰匙服務標準，
發展金鑰匙品牌的核心競爭力

　　品牌是金鑰匙未來生存和發展的最核心問題，屬於戰略層級的事情。金鑰匙組織是國際上有八十多年歷史的服務組織，具有優良的傳統和理念的傳承。作為金鑰匙一員，我們需要真正明白什麼是服務人生。服務就是為別人把事情做好。各個地區的金鑰匙會員不管他是在什麼職位上，都可以在各自的崗位上實踐服務之道──「金鑰匙理念」，那麼這將使各個地區的客人、企業、合作夥伴看到一系列金鑰匙個性化優質服務效果。讓他們也感受到金鑰匙給客人方便、給客人信心、給客人驚喜的意義和價值。這種價值本身我們也是需要的。面對新時代的挑戰，我們必須堅持金鑰匙的服務傳統和信念，為客人帶來更多的價值，這是不會改變的原則和鐵律。金鑰匙品牌未來的核心競爭力體現在服務產品的標準化和規範化上，保證各地區服務水平的一致性。這是保證顧客滿意度的重要手段，也是金鑰匙發展適應未來時代要求最重要的變革。

3. 打造最強大的服務網絡

　　強大的服務網絡是金鑰匙會員實施服務最有力的後盾，我們必須通過 IT 手段，發揮兩千多名金鑰匙的智慧和創造力，共同打造一個服務業最大、最完善的服務平台。讓每個金鑰匙會員甚至我們的客人能夠使用這個平台。這個平台是一個開放的信息海洋，是一個互動式的協作平台，金鑰匙的協作精神和友誼之橋將用二十一世紀全新的方式搭建，這也是未來金鑰匙服務網絡管理和提升服務效率的重要保證。

　　今年中國金鑰匙年會的主題是「中國金鑰匙品牌經營、管理、服務」。未來十五年中國金鑰匙的發展是否能令大家滿意，就在於總部與各地區執委會的領導力和金鑰匙各類會員的共同努力。目前總部在中國金鑰匙執委會的同事共同努力下，已經完成了未來十五年的品牌戰略布局。總部形成公司化、市場化、職業化、平台化、國際化的運營體系，也培養了一支在中國金鑰匙秘書長領導下的有職業道德、有專業技能、有金鑰匙信念的運營團隊，並為下一個十五年做了必要的機制與人才的調整和準備。如果通過今年年會的召開，大家達成共識，各地區快速行動起來。真正建立地區金鑰匙的影響力，大家就會看到金鑰匙品牌又將上一個新的台階。

　　金鑰匙服務在每個地區的發展都有三個階段。第一階段就是友誼、協作、服務。第二階段就是信念、榮譽、責任。第三階段就是經營、管理、服務。每一個階段都必不可少。而且許多地區已經經歷過。如果前一個階段基礎沒有打好，下一個階段就開展不了，甚至會

倒退。現在發展比較好的地區就進入了第三階段，我相信許多發展比較好的地區老會員會有同感。我建議這次來開會的有志於發展地區金鑰匙品牌事業的會員，可以與一些做得比較好和發展時間比較長的地區負責人進行交流。

　　親愛的會員們，每一個金鑰匙應該都是得道之人，這個道就是服務之道。「我們的未來是一個充滿友誼與合作的服務新世界」的話是什麼意思？因為服務將是人類自身的救贖。人，生下來即受人服務，長大了為人服務，到老了還是受人的服務。所以服務貫穿我們一生，也是我們人類的天然使命。每個人都想活得有尊嚴。生命誕生是因，生命的衰亡是果，生命的過程就是緣。就像我們說大自然就是指天和地，但是不要忘了人才是天地間的緣。人的作為可以感天動地，也可以使天崩地裂。如果大家能悟到我說的意思，就會明白這個緣在你生命中非常重要。幸運的是，我們大家都是金鑰匙。金鑰匙理念教導我們要廣結善緣。給別人滿意加驚喜就是人世間最大的善緣。既然我們大家已經因金鑰匙而結緣，那麼我們就應該善始善終，在金鑰匙的理念指引下共同去實現我們富有的人生。

第十二章

中國金鑰匙
品牌管理與服務

（第十六屆，2011 年 11 月）

中國金鑰匙迎來了發展的第十六個年頭。我們第一批的金鑰匙許多已經走向了企業的領導崗位，有些也開始開創自己的事業。但是更多的是我們有一批越來越成熟的金鑰匙會員和地區負責人，隨著時間的推移，我們在改變、我們的企業在改變、我們行業在改變，我們的金鑰匙組織也要學著改變。

因為目前整個世界都處在一個新的歷史發展時期，近三十年來我們的企業用了相當長的時間學習和實踐西方成熟的經營、管理、理念。但是，最近西方社會爆發的經濟危機說明了什麼呢？因為資本服務的企業經營發展道路已經走到了一個歷史的轉折點，必須認真思考企業的性質問題，那就是我們的企業到底服務誰，我們金鑰匙到底在為誰服務。美國的金融企業為了利潤過分進行金融開發，因此華爾街摧毀了百年建立起來的金融信譽。其實它折射出企業不斷追求資本利益最大化，最終傷害的是我們自己的結果。

所以中國金鑰匙永遠要警惕只認錢的服務思想。我認為只知道為錢服務的 concierge 永遠不會實現真正的金鑰匙人生，因為利人利己是大自然告訴我們的服務之道。只有覺悟到在客人的驚喜中找到富有人生的金鑰匙，才能幫助自己進入人生的更高境界。不是無所不能但一定竭盡所能的金鑰匙服務精神才能不斷發揚光大。

目前西方社會出現的社會經濟危機將嚴重影響未來的企業和社會發展的路徑。根據有關發達國家的經濟數據研究，及對未來國際形勢發展的情況進行分析，未來五年，世界經濟將是一個非常不確定的調整期，而旅遊和服務業將是影響非常大的領域。

因此，中國金鑰匙要居安思危。中國金鑰匙十五年的發展雖然也是困難重重歷經艱難乾起來，但是，因為當時總的社會經濟發展大趨勢是好的，所以這十五年我們也就把握機遇發展起來了。中國金鑰匙率先在國際金鑰匙組織裡提出了許多服務新概念並加以實踐，例如網絡化金鑰匙服務、E-Concierge 數字化金鑰匙服務、二十四小時金鑰匙服務中心、金鑰匙樓層、金鑰匙大管家服務、金鑰匙假期、金鑰匙聯盟等等。目前，許多國際金鑰匙成員國也在開展網絡化的服務創新。近五年來中國金鑰匙總部、各地區執委會以及會員們緊緊圍繞著如何實現金鑰匙服務「質量更好、效率更高、網絡更強」的品牌發展目標開展了許多扎實有效的工作，也取得一些成績和進展。但是目前也面臨著許多地區會員管理、培訓、考核和品牌實際應用與發展的問題。

這次年會就是在這樣的背景下召開的。我們在未來旅遊與服務業經營可能困難的情況下，在思想上應該堅持金鑰匙服務信念，在行動上堅持友誼與協作的組織文化，在發展上堅持走網絡化、個性化、專業化、國際化的具有中國特色的品牌發展道路。我們的具體工作思路如下：

一、品牌管理思路

不斷進行組織管理創新，進行技術化改造，降低管理成本。總部計劃充分使用互聯網技術，對會員的申請到批準到管理全部實現無紙化辦公的網絡在線管理。總部將在今後五年內進行組織管理體系創

新，加強總部與各地區執委會的執行力，這樣才能確保在複雜和困難的情況下對品牌和會員的保護與服務。

二、會員發展思路

走品質化發展的道路。根據金鑰匙的章程規定，主要在四星級以上的酒店發展金鑰匙會員，另外將在能提供酒店式服務的高檔物業發展金鑰匙會員、在高端的服務企業發展金鑰匙會員，確保金鑰匙的能力與素質達到品牌所要求的水平，確保金鑰匙服務的網絡和領域不斷延伸和發展。

三、教育培訓思路

我們將加強地區金鑰匙執委會開展的會員業務培訓和考核，開展金鑰匙服務案例學習，對評選出的開展這些工作成效顯著的地區加以表彰和獎勵。另外，由總部牽頭在各大地區舉辦金鑰匙服務研討會，加強金鑰匙之間的交流與溝通，貫徹金鑰匙友誼與協作的文化傳統，加強金鑰匙思想培訓質量和會員資格培訓班的組織工作。與聯盟合作建立以培訓班為基礎的金鑰匙會員職業發展提升的培訓體系。

四、宣傳推廣思路

我們要加強組織網站的建設，這需要全體會員的積極參與。同時要求各會員堅持金鑰匙服務中心網絡預訂系統的充分應用，利用網絡和內部雜誌對金鑰匙會員的發展事蹟進行宣傳。加強會員間的服務協作，向整個服務業宣傳金鑰匙服務理念和推廣金鑰匙網絡化服務建設的宏偉藍圖。

五、聯盟發展思路

到明年我們創建的金鑰匙酒店聯盟已經發展十年了。金鑰匙聯盟目前已經發展成為一個具有獨立品牌價值的金鑰匙國際聯盟商業模式，這是我們中國金鑰匙的成功，也是我們對世界酒店業乃至服務業品牌化發展的貢獻。但是我們必須清醒地認識到，如果我們要看到聯盟的真正成功，就必須使聯盟的運營團隊職業化、管理專業化、營銷市場化、品牌國際化，通過聯盟的發展進一步推動金鑰匙服務理念和網絡在酒店和服務業的應用。只有聯盟成功才能說中國特色的金鑰匙發展道路有了經濟基礎和人才儲備。

親愛的會員們、朋友們，中國金鑰匙品牌的成功一定不是某個人或某些人的成功，它是我們三十年中國酒店人共同奮鬥的成功。我們不要忘記霍英東、楊小鵬、袁宗棠、魏小安、周鴻猷等一大批官員、學者、總經理對金鑰匙的培養和支持，正因為有他們的幫助才使我們走到今天。回顧十五年的發展歷程，我更加堅信金鑰匙品牌一定會在

中國發展得更加成功，一定會對世界酒店歷史產生深遠的影響。因為我們有優秀的服務理念、宏偉的品牌藍圖，只要有充分的耐心和高素質的人才，我們一定會看到中國金鑰匙為中國實現服務強國所做出的偉大貢獻。金鑰匙們，讓我們一起為這個目標而努力，去實現我們富有的人生！謝謝大家！

第十三章

中國服務・品牌文化

（第十七屆，2012 年 11 月）

眾所周知，中國目前已經是世界的製造業大國，也是旅遊大國、酒店業大國。在當前全球經濟結構急邊調整的大局下，服務業在未來的市場將具有比較大的發展潛力。我本人認為中國必將成為服務大國，更有可能成為服務強國。所以，我們金鑰匙應該發揮自身潛能和尋找機會挖掘更多的旅遊服務經濟市場。「十一」黃金週暴露出的「中國服務」的景象，再一次告訴我們：中國服務急需提高!

　　中國服務市場經濟將有多大？如何提高？如何拓展？答案就是，進一步提升我們的服務文化。

　　首先，我們要清楚文化的定義。我認為文化就是「人的改變與創造」。當我們談文化的時候一定要注意談什麼文化？文化的前提是什麼？是教育文化？還是科技文化？是政治文化？還是軍事文化？是商業文化？還是娛樂文化？等等。不同的前提確立了不同的領域和文化。

　　今天，我們要談的是服務文化裡的金鑰匙品牌文化。我們金鑰匙十七年的發展歷史向各位闡述了金鑰匙品牌改變了中國的服務文化，同時幫助提升了金鑰匙品牌的道理。通過引進國際金鑰匙的服務品牌，我們建立服務的信念；通過品牌，我們建立服務的榮譽感；更重要的是通過品牌我們樹立服務的責任感。在這樣的前提下，我們視服務為生命，不斷根據市場和顧客的需求發展趨勢，與時俱進地發展我們的聯盟和網絡。許多人可能不知道，國際金鑰匙組織裡面的聯合會員類別在中國金鑰匙的文化裡就是金鑰匙聯盟，國際金鑰匙組織裡面服務協作關係在中國金鑰匙的文化裡面就是金鑰匙網站與服務預訂網絡。因為通過我本人和我們第一批中國金鑰匙的實踐。我們明白了，

在中國，以品牌合作為核心的聯盟成員遠比以利益和關係為核心的聯合會員更強大和實際。在中國，建立以金鑰匙網站為核心和以互聯網技術為手段的網絡關係比個人建立的服務關係更強大。所以我們中國金鑰匙的改變和創造也提升了我們的品牌生命力和服務力量。

中國金鑰匙是國際金鑰匙組織服務歷史上首次被奧運會組委會邀請的奧運村的服務團隊，中國金鑰匙也是亞洲唯一舉辦過兩次國際金鑰匙組織年會的成員國，中國金鑰匙也是國際金鑰匙組織裡唯一從會員資格培訓和會員申請，到會員考核到會員授徽都基本實現系統化和程序化的組織管理體系的成員國。事實勝於雄辯。我們以大量的中國金鑰匙品牌服務發展成果和事例告訴了國際金鑰匙組織同行們，中國金鑰匙與時俱進的品牌文化。

但是，這些成績都已經過去了。目前，中國金鑰匙要著重在即將展開的中國服務國家戰略的大好形勢下，中國金鑰匙品牌文化未來十年的發展。為適應中國服務這個大的戰略目標前提下來考慮。有了大方向，我們要去積極面對的是發展中的問題和困難。我們還能不能在下一個十年再次成為國際金鑰匙組織最強大的成員國之一。為此，我們要向國際金鑰匙同行們學習的東西還很多，要完善的金鑰匙管理體系和服務平台、教育平台等工程仍然巨大，我們的路還很長。

所以，各位代表今天在宜賓這個城市一起討論和規劃中國金鑰匙品牌文化的未來，總部將根據大家的意見和建議在二〇一三年年會拿出二〇一五到二〇二五年十年的中國金鑰匙組織發展規畫。

在此，我們首先要明白什麼是國際金鑰匙組織的品牌定義。「國

際金鑰匙組織是世界上唯一的擁有八十三年歷史的網絡化、個性化、專業化、國際化的品牌服務組織」。國際金鑰匙組織宗旨「不能有政治、宗教、商業色彩」。國際金鑰匙組織是追求實現創始人費迪南德・吉列特先生所倡導的「無論在世界的哪一個角落，金鑰匙都去延續我們肩上的使命，以真誠服務於我們的顧客、我們的酒店乃至我們的服務業」的使命。它完全不是我們有些人理解的那麼狹隘和淺薄——它只是一些在酒店禮賓櫃檯提供服務的賺取小費的人組成的。恰恰相反，國際金鑰匙組織的核心優秀成員都是由一批具有高尚人格的，窮極一生追求極致服務，為人們排憂解難，在人間傳播友誼和關愛的人組成的。大家想想，如果國際金鑰匙組織是一幫唯利是圖的人，它能發展八十三年到今天嗎？如果我們中國金鑰匙的核心團隊是一群目光短淺只知道賺錢的人，能有十七年的堅持和發展，能有今天的成就嗎？答案是顯而易見的。所以在即將攀登我們下一個品牌高峰之前大家都要認真學習我們的品牌組織文化，只有真正了解我們的品牌服務理念和文化內涵才能堅定服務信心，開啟服務智慧去迎接我們即將面臨的機遇和挑戰。只有優秀的品牌文化才是我們的品牌的核心競爭力。

現在我談談中國金鑰匙品牌組織的三大文化。

一、中國金鑰匙的教育文化

中國金鑰匙的教育文化的發展一定是根據金鑰匙的價值觀發展起來的；金鑰匙品牌教育一定是以如何有利於被教育者的發展，也就是

為金鑰匙個人更好的發展作為其根本出發點；一定是圍繞著怎麼保障我們的行業、如何保證我們品牌的品質去發展的。我們堅持從一開始就要求每一位會員了解品牌的核心理念和組織的傳統和歷史，以及品牌對其成員的行為約定，這就是為什麼在成為會員前一定要參加會員資格培訓班，起碼要完全了解金鑰匙是什麼和在幹什麼，才決定是否申請加入。我們堅持每一個成員必須接受組織文化的薰陶，把理念的種子植入心中。這樣，當他在做服務時用到的是理念服務，當他做到管理人員時用到的是理念管理，當他做到總經理時就是理念經營了，這是自然而然就形成的理念教育體系。通過會員的兩三次培訓，基本配合了一個服務從業人員從服務人到品牌服務人到品牌職業人的發展路徑，當金鑰匙培養了一批優秀的服務人才和經營管理人才時，金鑰匙的品牌教育將實現向整個服務業的發展和延伸。到那時我們談金鑰匙教育文化可能就是談金鑰匙學院的教學思路了。

總之，金鑰匙教育文化就是如何在教育中貫徹「先利人，後利己，用心極致，滿意加驚喜，在客人的驚喜中找到富有的人生」的理念， 使之在服務經營管理中得到體現。作為一個品牌來說，品牌的理念教育永遠是核心，因為許多的方法在其他學校或許也可以學到，但是，金鑰匙培訓班的教育實際上是給每個學員安了一顆服務之心，使每個學員工作生活都有了方向感，將受用終生。

考慮到中國服務業的市場規模，金鑰匙品牌教育已經是一個事業了，理念是要靠傳播的，所以一定不是幾個人能做的。我們規劃未來由總部的中國金鑰匙發展委員會負責發展金鑰匙的教育事業。

二、中國金鑰匙的管理文化

管理是要靠制度去實現的，所以中國金鑰匙總部專門成立管理委員會，由中國區秘書長及各地區秘書長組成，建立一整套從會員申請到會員考核到會員批準到會員授徽的制度和工作流程。制度也應適應中國的人情文化，在不影響制度的情況下，盡量給予會員便利。例如，按中國區的制度，新會員必須是在組織的年會或地區的重大活動中由總部派人授徽。但是總部也會根據會員企業的情況和要求盡量派員到酒店去授徽，既授了徽，也建立了與酒店管理層的溝通渠道，加強了與酒店和行業的交流，增進總部與成員企業的關係；既體現對會員的重視，也帶動了金鑰匙品牌在當地的宣傳。所以每年總部工作人員的一項主要工作就是安排時間到成員酒店授徽，了解企業對我們品牌的要求和意見。另外，根據地區會員的特點和區域建立相應的小組進行管理，了解地區執委會成員的情況，及時溝通會員管理的經驗，通過總部網站收集會員的服務案例，編輯金鑰匙會刊，組織執委會成員對新金鑰匙進行考核，每年對會員的繳費和表現進行評估，對已經不符合條件的會員進行勸退處理。總之，對會員的管理主要側重在素質方面。通過執委會委員每月的會員主題活動幫助大家建立友誼、分享經驗和信息，圍繞建立平等的人格、自由的思想、鐵的紀律的組織文化進行管理，以營造和諧的會員關係為目的。

三、中國金鑰匙的服務文化

就是圍繞如何體現中國金鑰匙:「不是無所不能,但一定竭盡所能」的服務精神,打造服務更好、效率更高、網絡更強的品牌服務效果,展開一系列的服務關係建立和服務知識及技能的培訓,通過金鑰匙服務業務的培訓和開展金鑰匙服務協作訓練一支高素質的服務菁英團隊,定期組織相應的業務學習和服務新產品考察,讓酒店金鑰匙和物業金鑰匙會員保持對城市服務資源的相互了解。另外,對跨地區的金鑰匙服務協作給予幫助和指導,讓新的金鑰匙會員更快熟悉和使用組織網絡。

最後,概括我對中國服務的理解是:「理念是靈魂,服務是生命,創新是血液,和諧是力量」。希望中國金鑰匙們能夠珍惜我們的服務之緣,珍惜我們的品牌之緣,珍惜祖國目前的大好形勢,為實現中國服務目標而強化金鑰匙的品牌文化優勢,加強與各國和各地金鑰匙的學習和交流,一起努力、一起奮鬥,去實現我們「在客人的驚喜中找到富有的人生」的追求!

第十四章

金鑰匙讓世界充滿愛

（第十八屆，2013 年 12 月）

首先我想大家可能會問，為什麼從今年開始總部提出「金鑰匙讓世界充滿愛」這個主題？因為中國金鑰匙十八年的發展和成長歷程，讓我們從內心明白了一個道理：最可持續發展的服務事業一定與我們的服務初心有關，我們金鑰匙內心裡的那一份真摯的愛才是我們事業永不枯竭的源泉。「先利人，後利己。用心極致，滿意加驚喜。在客人的驚喜中找到富有的人生。」把我們金鑰匙愛祖國、愛集體、愛朋友、愛家庭、愛自己的心進行了很好的闡述，形成了我們服務的指導思想。十八年來，我們在中國的酒店業和服務業培訓了近萬名金鑰匙學員，他們回到自己的工作崗位後，也踐行著這個理念，宣傳著這個理念，為中國服務業貢獻了自己的力量，同時也進一步宣傳了金鑰匙品牌和聯盟，為實現中國最大的 O2O 個性化網絡打下了堅實的基礎。

　　雖然我們這十八年取得了巨大的成績，獲得了國際金鑰匙組織總部及亞洲各金鑰匙成員國的尊敬和高度評價，但今天我還是要說，我們做得還很不夠。中國金鑰匙不能止步不前，我們根本沒有驕傲自滿的本錢。國際金鑰匙組織發展了八十五年，歐洲金鑰匙幾十年來對禮賓服務的堅守和專一永遠值得我們學習。我們要認真總結十八年的品牌服務和管理工作的經驗教訓。我們曾經浮躁，我們也曾經有過不切實際的想法，也走了許多的彎路。我感謝許多領導和專家及時給我們提出寶貴的意見，我也感謝國際金鑰匙組織榮譽主席 Mr. Aldo Giacomello 及歷任主席、秘書長、副主席給中國金鑰匙的充分理解和信任，使我們能夠不斷克服困難、不斷改進服務，摸索出一條符合中國國情的金鑰匙發展道路，並形成了中國金鑰匙的服務文化和組織文化。

目前中國金鑰匙總部和地區金鑰匙的任務就是：聚精會神抓服務、專心一意做品牌。我們已經有中國金鑰匙地區執委會的工作指引和考核標準，也已經有中國金鑰匙服務項目標準；我們已經基本健全總部和地區的會員信息及檔案管理系統，實現會員網上申請和地區執委會與總部共享會員數據庫，為地區執委會進一步實現自主管理創造了基本條件，使總部儘可能節約人手用於 E-Cconcierge 的打造，為進一步發展服務聯盟做好充分的準備。

　　另外，我也希望我們的會員和地區執委會關注一個新的市場——老年人關懷市場。這是一個我們一定要去面對的市場，而金鑰匙的委託代辦服務模式對六十五到七十五歲的老人需求來說是非常適合的。我提請今年中國金鑰匙會員大會做兩個專題——《金鑰匙在中國老齡化社會可以發揮什麼作用》和《金鑰匙如何充分使用移動互聯技術提高我們的服務》的研討。我在此拋磚引玉，我建議我們應該發展金鑰匙愛心大使，幫助或組織會員參與到老年人的關懷事業，這實際上是在為我們自己的未來建立一個服務體系。我建議我們應該發展金鑰匙服務大使，儘可能根據我們的服務項目標準建立特約服務商，形成金鑰匙服務的聯盟，為建成中國服務業前所未有的綜合服務網絡傾注我們的青春和熱情。只有這樣，我們才能讓我們的「愛」的誓言得到實現，與協作地為客人服務的網絡才能真正得到落實，幫助我們所服務的企業抓住移動互聯網絡營銷時代的機遇，也就實現了國際金鑰匙組織創始人 Mr. Ferdinand Gillet 先生的願景：「無論在世界的哪個角落，金鑰匙們都將履行自己的使命，以真誠服務於我們的酒店及整個服務業。」

親愛的會員朋友們，我們能成為金鑰匙，是因為我們有一顆願意去利人之心。當我們帶給別人一份關愛、一份自信、一份方便時，我們也等於給自己帶來這一系列的因緣果報。

我們也許會有職位的變遷，我們也許會肩負許多的家庭和社會責任，但是如果你還認為自己是金鑰匙的話，請你記住：諸惡莫做，眾善奉行；不忘初心，是金鑰匙。還是那句話：一個人做一件好事不難，難就難在一輩子做好一件事。坐而論道不如起而力行，充分發揮團隊作用，充分利用好我們已建設了十八年的和國際金鑰匙組織已建立了八十五年的服務網絡平台。在做好自己本職工作的情況下，我請大家認真討論金鑰匙服務的未來，把握當下，為實現「金鑰匙讓世界充滿愛」的中國夢而奮力拚搏吧！

第十五章

網絡時代，中國服務

（第十九屆，2014 年 12 月）

朋友們、同事們，就這個主題我想與大家分享一下這一年來的關於這個問題的思考。網絡時代是科學發展從機器時代到電子時代到了一個新的人類歷史高度，主要表現為電子信息技術在人們生活中的普遍的應用，其實科學發展的本質就是把人的外在感官和行動功能進行外延，其最終將會有一天代替人們的工作。現在的事實是人們在網絡時代已經可以通過網絡看得更遠，看得更多，也處理更多的事情。從一個數據就知道，PC 時代人們在網絡上的時間平均二點八小時；在移動智能手機時代，人們在網絡上的平均時間十六個小時（數據來源：互聯網思維一書）隨著互聯網信息技術的發展，一網打盡天下，我相信不但可以實現，應該說已經離我們不遠了。再加上從國際政治與經濟發展的角度思考，網絡時代，世界一定會發生一個全面的社會結構的調整，許多行業和模式必將遭到顛覆和淘汰，許多新的生活方式將要誕生和發展，這就是我們對網絡時代到來必須有的清晰認識。

　　怎麼面對這個越來越快節奏的時代？我的思考是科學發展只能是代表人類進步的一半，另一半就是人類的身心靈的健康發展靠什麼來體現？我認為服務才是人類自我的救贖。「人生下來就被人服務，長大成人為大眾服務，到老了也還是被人服務，服務貫穿了我們人類的一生。無論你在東方還是西方，什麼國度，什麼民族都一樣。」在人類的歷史，科學的發展目的應該是為人類提供更方便和快捷的各類服務。我認為這就是人類社會發展的精神與科學的內在關係和自然規律。只有這樣，人類的科學發展才有方向和平衡，任何時候科學是為人的服務而存在和發展的；每個人都要清醒地認識到我們精神作用對人類社會發展的責任和作用，這樣我們就不會在網絡時代迷失和浮躁。

我查了一下資料，「中國服務」最早是段強先生倡導，此詞語經過國家語言資源與研究中心等機構專家審定入選「二〇一〇年新詞語」，並收錄到《中國語言生活狀況報告》中釋義是指：自主創新，具有中國品牌的特色服務。「中國服務」應該成為未來中國國家戰略，並且要與「中國製造」一起成為產業振興和中國騰飛的兩個翅膀。我還記得在二〇〇〇年中國金鑰匙第一次成功承辦了國際金鑰匙組織在中國的年會的時候，我給國際金鑰匙組織主席和秘書長匯報中國金鑰匙的「先利人，後利己」的價值觀；「用心極致，滿意加驚喜」的方法論；「在客人的驚喜中找到富有的人生」的終極追求服務理念時；國際金鑰匙組織秘書長德蒙特先生興奮地說：「John，你提出的其實是一個服務的哲學，我聽了嚇一跳，急忙解釋只是服務理念」。「不。John」但他老人家肯定地說「你認為這只是中國金鑰匙的服務理念，在我看來，這是一個金鑰匙服務哲學，能推廣到全世界去。」我當時只是當他是對我們工作的一些鼓勵之辭，又忙著年會事務也就沒有太放在心上。

　　經過十九年不懈的對中國金鑰匙會員的培訓和品牌發展工作的實踐體會，特別是目睹中國經濟也從「中國製造」延伸到「中國服務」的國家戰略發展，我突然意識到，當年國際金鑰匙組織秘書長德蒙特先生的智慧和遠見。「中國製造」只代表世界對中國在物質層面的發展認可，「中國服務」才是世界對中國在精神層面的發展認可，我們這一代任重道遠啊！

　　我也意識到中國服務的內涵一定是要有優秀的服務哲學、服務教育、服務標準、服務榜樣、服務網絡的。我們金鑰匙這十九年不就是

在做這些事和準備嗎？現在不談國外金鑰匙，就拿我們中國金鑰匙來說，以首席代表詹驊先生為代表的一大批優秀的中國金鑰匙會員和地區負責人，他們每一天在實踐金鑰匙服務哲學的過程中，也正在演繹著一幕幕懂生活、熱愛生活、享受生活的每一天。而這一切都與我們長期堅持倡導的金鑰匙服務理念高端契合，也幫助了一大批國內外消費者在體驗著什麼是生活品位，同時中國金鑰匙在服務中對網絡時代信息技術的應用讓個性化服務插上了翅膀，也給中國金鑰匙的服務哲學做了最好的闡釋，也給國內外的服務同行做了榜樣。

二〇一四年，每個人都希望有更多機遇降臨。我認為，最大的和最好的機遇已經降臨在全體中國金鑰匙面前，那就是網絡時代的到來。其實是對所有人說都是一次大機遇，尤其中國服務時代的到來對中國企業和個人更是一個更大的機遇，對金鑰匙而言這兩大機遇我們都擁有戰略先機。關鍵是我們大家能否快速行動起來把握和充分發揮金鑰匙品牌的優勢和組織優勢。如果大家把我們的智慧和激情都投入進去，我可以說，網絡時代，中國服務的時代也就是中國金鑰匙的時代了。中國金鑰匙的未來服務藍圖一定是輝煌而又燦爛的，我為能在這個時代與大家同行感到驕傲與自豪！

第十六章

金鑰匙＋互聯網走進
服務大聯盟時代

（第二十屆，2015 年 11 月）

走進二〇一五年的人們都應該知道年初李克強總理的報告：中國經濟整體上進入換擋轉型期（製造業減緩而服務業提速）GDP 將保持 7%左右的中高速增長，以及他提出的「互聯網＋」這個詞。它應該已經成為本年度使用的最頻繁的詞之一。各行各業都在圍繞著這個詞做出自己的理解和實踐。

五個月前的今天，我謹代表中國金鑰匙總部對這個詞的理解和應用闡述一下我們的觀點。經過半年對中國經濟形勢的觀察和分析，中國金鑰匙及聯盟對中國經濟和服務業的發展充滿信心。中國在國際層面的「一帶一路」戰略和亞投行的籌備，體現了中國經濟走出去的戰略思路已經完全確定。思路決定出路，我們又將面對一個嶄新服務時代的到來，中國服務企業和服務人員都應該確立自強、自立與自信的心態和行動力。因為無論何時何地，服務都是我們這個行業永恆的主題和使命。

「互聯網＋」是宏觀層面的考慮。微觀層面「什麼＋互聯網」才是企業執行者值得深思的問題。同樣的，思路決定出路。我們認為這個時候中國的服務行業更需要一個可以指導持續健康發展的商業哲學或者服務思想作為基礎。再加上互聯網技術的廣泛應用，可以帶動中國更多和更大範圍的企業跨界聯盟發展。這將有機會使中國的服務企業整體走在世界的前列。

因為金鑰匙（委託代辦）＋互聯網＋聯盟的應用模式將使中國金鑰匙和其所服務的企業一起走進一個服務大聯盟的時代。為此，中國金鑰匙已經做了二十年的準備和十三年的金鑰匙跨界聯盟的實踐。中國金鑰匙準備再用未來十年的時間去實現這個中國服務大聯盟目標。

下面我歸納一下中國服務大聯盟的五大特點：

1. 服務哲學和人生信念的堅持

如果人們已經認識到現在我們進入一個互聯網文化競爭的時代，就要同時知道，有文化必有哲學。哲學的特色在於進行「完整而根本的」思考。比如「我為人人，人人為我」顯然應該是現代人的服務人生信念。而服務哲學的任務在於如何實現這個服務信念。金鑰匙提出的這個服務哲學並帶頭二十年實踐著、堅持著、引導著。服務就是人生的本質。只要有人類存在，其價值和意義也應該是永恆的不變的。這就是易經中的不易。易經中的變易就在於以下幾個方面了。

2. 服務方法與網絡工具應用的創新

三十年前歐洲人用最原始的 BB 機掛在牛頭邊放牧，讓牛在特定時間回欄；二十年前我在歐洲又第一次看到一個酒店的行李員上衣袋裝著 BB 機，時不時看上面的信息要到哪一層樓哪一間房去拿幾件行李時，他們的效率是我們的幾倍。那時我就明白未來的服務方法一定要與信息技術結合。互聯網工具關鍵看我們如何創新應用。基本原理還是信息的傳遞。現在人們已經用手機加預訂各類服務，其本質還是服務方法和網絡工具應用的創新。

3.傳統企業與現代企業的結合

我認為沒有過去就不會孕育出現代，沒有現代也就沒有將來。在一定的時間條件下，現代的會變成傳統的，未來的會變成現代的。認識到這個本質，我們也就坦然面對了。大可不必行業大腕說什麼，我們就跟什麼。不要一窩蜂似的搞得什麼都是產能過剩。人各自都有各時代的各種活法。都可以活得很好和很精彩。

4.企業開放與跨界合作的態度

這是我們需要提倡的。金鑰匙創始人提出廣泛的合作比個人奮鬥更有成效。我的理解更大一點，廣泛的企業合作比單個企業的奮鬥更有成效。因為再優秀的個人都不可能是全面的。再優秀的企業資源也不是無限的。如何用有限的資源去滿足顧客無限的服務需求，那就是開放和跨界合作的視野和態度。越是開放和跨界到五大洲去，你的心態你的商機就越多。這樣才真正懂得易經裡變易的規律。中國改革開放三十年歷史已經證明了這一點。

5. 委託代辦與互聯網結合的現代商業模式

看看現實生活中和網絡上有多少商家在為顧客代辦、定製、運輸、收費等等，委託代辦業務理念已經被越來越多的企業和個人應用，隨著網絡信息技術的發展趨勢，互聯互通的委託代辦一定會越做越大一定會成功。「我為人人，人人為我」服務信念也就可以實現。金鑰匙委託代辦＋互聯網就是很簡單的商業模式，也符合易經中，大

道至簡的規律。同時它能對應金鑰匙服務哲學這個不易的這個初心。所以中國金鑰匙倡導的中國服務大聯盟的明天大有前途。

互聯網建立了一個信息高速公路。它可以產生超大流量的交易量。但是要知道，它本身不生產產品。而委託代辦服務直接生產定製化產品和顧客個性化服務體驗。兩者的結合將給我們大家帶來一個嶄新的事業。這個事業的實現需要我們有戰略思維，戰略眼光，也需要我們有改革精神，改革的毅力，腳踏實地，創新克難。這是一個可以媲美「一帶一路」的事業。是一個激情燃燒的事業，是一個可持續發展幾代人的事業，是一個可以實現互聯互通全球化服務發展的事業。

今年中國金鑰匙總部運營團隊和各地執委會做了大量卓有成效的工作。總部服務平台和網絡化運營得到進步完善和進步。特別值得一提的是，地區執委會的執行力和發揮的主觀能動性。地區金鑰匙榜樣作用越來越得到顯現。地區負責人和執委們發揮團隊精神，圍繞組織「友誼、協作、服務」宗旨，開展了各類形式豐富的活動，宣傳了品牌，傳播了理念，鞏固了友誼，發展了組織。這些都是我發自內心的喜悅和成就感。一代人，一個組織，一個人的成功都不算什麼。「不謀萬世者，不足謀一世。不謀全局者，不足謀一域。」這就是為什麼中國金鑰匙總部公司名稱叫金世德（金鑰匙，世代傳，德為本。）的原意。各地區執委會和廣大會員的精彩服務案例也同樣激勵著我和總部運營團隊，為金鑰匙會員服務，為金鑰匙聯盟服務，為廣大喜愛金鑰匙品牌的消費者服務，盡早實現中國服務大聯盟的目標。

「金鑰匙＋互聯網」的時代即將到來。這是一個人人都可以做委託代辦服務的時代。誰都可以是金鑰匙服務聯盟的一員。金鑰匙「先

利人，後利己。用心極致，滿意加驚喜。在客人的驚喜中找到富有人生」的服務哲學，將指引我們實現中國服務大聯盟的目標。

後記 INTRODUCTION

中國服務的先行者

這本書是籌劃多年的研究成果，在此期間，中國金鑰匙總顧問魏小安先生給予了大力支持，中國金鑰匙主席孫東先生傾注了很大的心血，許魯海先生也分享了多年積累的寶貴思想。編寫期間，韓華先生、黃玉嬌小姐、宋欣女士等給予了及時的幫助。在此表示衷心的感謝。

在中國金鑰匙總部的幫助下，我們拿到中國金鑰匙所有歷史發展文獻和資料，結合對中國金鑰匙十幾年的跟蹤和研究，出版了這本《中國金鑰匙服務哲學》，希望能為中國服務提供一個研究樣本，為未來中國服務的發展提供理論體系的支撐。我們認為中國服務需要服務哲學的思想去引導，廣大的服務人員、服務企業才不會迷失方向，才不會沉溺於花哨的服務之術而忘記應該行走的服務之道。只有這樣，中國服務才不會走上歧途，中國服務文化才能迅速成長壯大，最終走出世界，龍行天下。

本書的前言、第一部分、第四部分由張斌負責，第二部分、第三部分由王偉負責，全書由張斌統稿。歡迎大家一起與我們討論中國金鑰匙和中國服務。歡迎各位讀者積極提出寶貴意見。

聯繫郵箱：zhangbin@cicc.org.cn

編　者

二〇一六年十一月三日於北京

一帶一路研究叢刊　AA301014

中國金鑰匙服務哲學

作　　者	張斌、王偉
版權策畫	李煥芹
責任編輯	呂玉姍

發 行 人	陳滿銘
總 經 理	梁錦興
總 編 輯	陳滿銘
副總編輯	張晏瑞
編 輯 所	萬卷樓圖書股份有限公司
排　　版	菩薩蠻數位文化有限公司
印　　刷	維中科技有限公司
封面設計	菩薩蠻數位文化有限公司

出　　版　昌明文化有限公司

桃園市龜山區中原街 32 號

電話 (02)23216565

發　　行　萬卷樓圖書股份有限公司

臺北市羅斯福路二段 41 號 6 樓之 3

電話 (02)23216565

傳真 (02)23218698

電郵 SERVICE@WANJUAN.COM.TW

大陸經銷

廈門外圖臺灣書店有限公司

　　電郵 JKB188@188.COM

ISBN 978-986-496-412-3

2019 年 3 月初版

定價：新臺幣 380 元

如何購買本書：

1. 轉帳購書，請透過以下帳戶
   合作金庫銀行 古亭分行
   戶名：萬卷樓圖書股份有限公司
   帳號：0877717092596
2. 網路購書，請透過萬卷樓網站
   網址 WWW.WANJUAN.COM.TW

大量購書，請直接聯繫我們，將有專人為您
服務。客服：(02)23216565 分機 610

如有缺頁、破損或裝訂錯誤，請寄回更換
版權所有·翻印必究

Copyright©2016 by WanJuanLou Books CO., Ltd.

All Right Reserved　　　　**Printed in Taiwan**

國家圖書館出版品預行編目資料

中國金鑰匙服務哲學 / 張斌, 王偉著.-- 初
版.-- 桃園市：昌明文化出版；臺北市：萬
卷樓發行, 2019.03
　面；　　公分
ISBN 978-986-496-412-3(平裝)

1.旅館業管理 2.中國

489.2　　　　　　　　　　108002900